新装版　電磁気学のABC

やさしい回路から「場」の考え方まで

福島　肇　著

ブルーバックス

●カバー装幀／芦澤泰偉・児崎雅淑
●カバーイラスト／西口司郎
●本文扉イラスト／佐藤竹右衛門
●編集協力／下村　坦

まえがき

「相対論の入門書はたくさんありますが、電磁気学の良い入門書はほとんどありません。ぜひ、一冊書いてください」と編集部の方から頼まれたとき、思わず「あっ」という思いにとらわれた。ふだんは意識していなかったが、言われてみればまさにその通りなのである。

前著『物理のＡＢＣ』の一つの章で電磁気を取りあげたが、私の側にも、もっと深く広く書きたいという気持ちがちょうどあった。そこで「回路から入って、電磁場の正体とその諸現象を推理小説のような方法で全面的に取りあげよう」という気持ちで書きあげたのがこの本である。

「電磁気はわかりにくい」という不満をしばしば聞く。実際、私自身の経験でも、高校の電磁気のところは複雑に見えてまとまったかたちで頭に入りにくかった。また、大学の一、二年のときの電磁気学の授業も、多くの数式が使われ、具体的なイメージがなかなかわかなかった。具体的な電磁気の現象のイメージと、これらの数式が私の頭のなかで結びついたのはだいぶあとになってからだったと思う。

もちろん数式を使うことを否定するわけではないが、これらの経験から、逆に「数式を使わないで具体的イメージから入る」という方法も可能ではないか。また、「数式を使う電磁気学と並行してこの本でイメージも同時につかむ」という方法もたいへん有効なのではないかと考えた。

一方で、身近なところに電子レンジ、ＩＨ調理器（電磁調理器）などの電気器具が使われ、スマートフォン、デジタルテレビ放送、カーナビゲーションシステム、自動改札機など、電磁波が多様に利用されているなかで、「難しそうだが、電磁気を知りたい」という声も多く聞かれる。このような人たちにも開かれた本は書けないだろうか。

これらの背景、発想から、この本は生まれた。

この本はいちばん簡単な直流回路から入った。それは、授業などで生徒や学生たちと話していると、電流、電圧、電力などの概念のとらえ方に混乱があることをずっと体験してきたからである。回路は電磁気学のいちばん基礎となるものであるし、日常生活にも深く関係している。まず、回路をしっかりとらえられるようにしよう。つまり「回路のＡＢＣ」がこの本の出発点になっている。

物理学を始めとする科学は自然の秘密を探っていくものだから、推理小説や映画と似たところがある。この本は、そのような推理小説の手法を採用した。私たちの推理の対象となるのは、電場・磁場という二つの〝場〟である。

電場と磁場が自然界に存在していることは、多くの人がなんとなく知っているだろう。しかし、それが本当のところどんなものなのか、また、どうしてそんなものを科学者が考えたのか、この辺になるとわからないことがたくさん出てくるのではないだろうか。電磁気のさまざまな現象を調べながら、この電場と磁場を、教科書のように出来上がった理論としてではなく、読者とともに推理小説のような手法で徹底的に追究してみようというのが、この本の中心テーマである。

したがって、この本を書くにあたって注意したのは、次のようなところである。

一、電気と磁気の現象が本当に理解できるようになったのは二〇世紀のはじまる頃、マクスウェルの電磁気学とよばれるものが完成してからである。この本はこの電磁気学の解説をしようというものだが、そのさい最も大切にしたのは、複雑そうに見える電磁気の現象も、実はきわめて数少ない法則で説明できるということである。

二、力学や熱学などとはちがって、電磁気学では電場・磁場という〝場〟が主人公になる。この場とはなにかという疑問に答えたい。ただし「場とはなにか」という問題の立て方はあまりよい考え方とはいえない。むしろ、「なぜ場というものを考える必要があるのか」と考えた方が答えを見つけやすいだろう。

三、できるだけ広い範囲の読者が読めるように、基本的な回路のところからていねいに解説した。特に最初は、いろいろなモデルを使って、具体的なイメージがつかめるように工夫した。
四、私たちの身近なところには、不思議な電磁気の現象や電気器具がたくさんある。これらの原理や仕組みと結びつけて電磁気を理解していくのも楽しくてよいと考え、実例を取りいれた。
五、電磁気を研究した科学者たちの苦闘のなかには、私たちが電磁気を理解するのに役立つ考えがたくさんある。これらの、科学者たちの探究の方法や考え方をできるだけ生かすよう工夫した。

マクスウェルの電磁気学自体はこの本の初版が出たとき以来変わっていない。しかし、その応用は大きく変化し、広がった。新装版を書くにあたって、約二〇年間のこのような電磁気の応用の多彩な変化にも留意した。また、よりていねいな本になるようにも努力した。

ではこれから、電場と磁場の本性を探る旅に出発しよう。

二〇〇七年九月　　福島　肇

目次

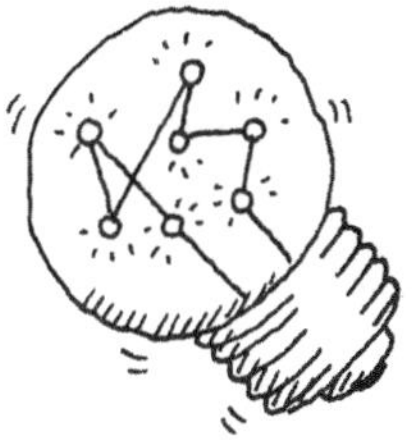

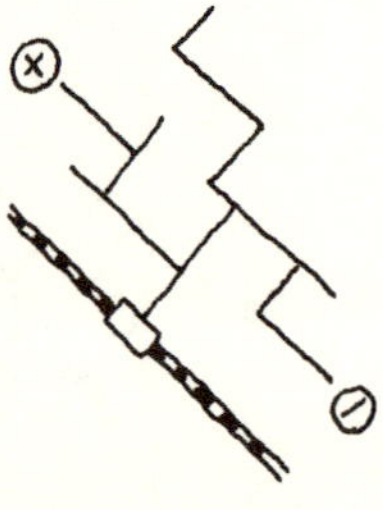

〈プロローグ〉　もっとも簡単なラジオの話

音を聞くだけなら……

もっとも簡単で安くできるラジオとはどんなものだろう。子供のころに作った方もあるかも知れないが、少し調べてみよう。

イヤホーンとダイオード――この二つがあればラジオは聞こえる。イヤホーンは安いクリスタルイヤホーンと呼ばれるものがよい。どちらも手もとにはないかも知れないが、電気部品屋に行けば安く手に入る。この二つの部品にアンテナとアースをつける。アースは地面に導線を二〇～三〇センチメートル埋める。アンテナにはかなり長い導線が必要である。できれば一〇メートルくらいの導線を屋外に水平に張るとよい。

放送局のある都市の近くならば、これだけでラジオを聞くことができる。ただしこのラジオ

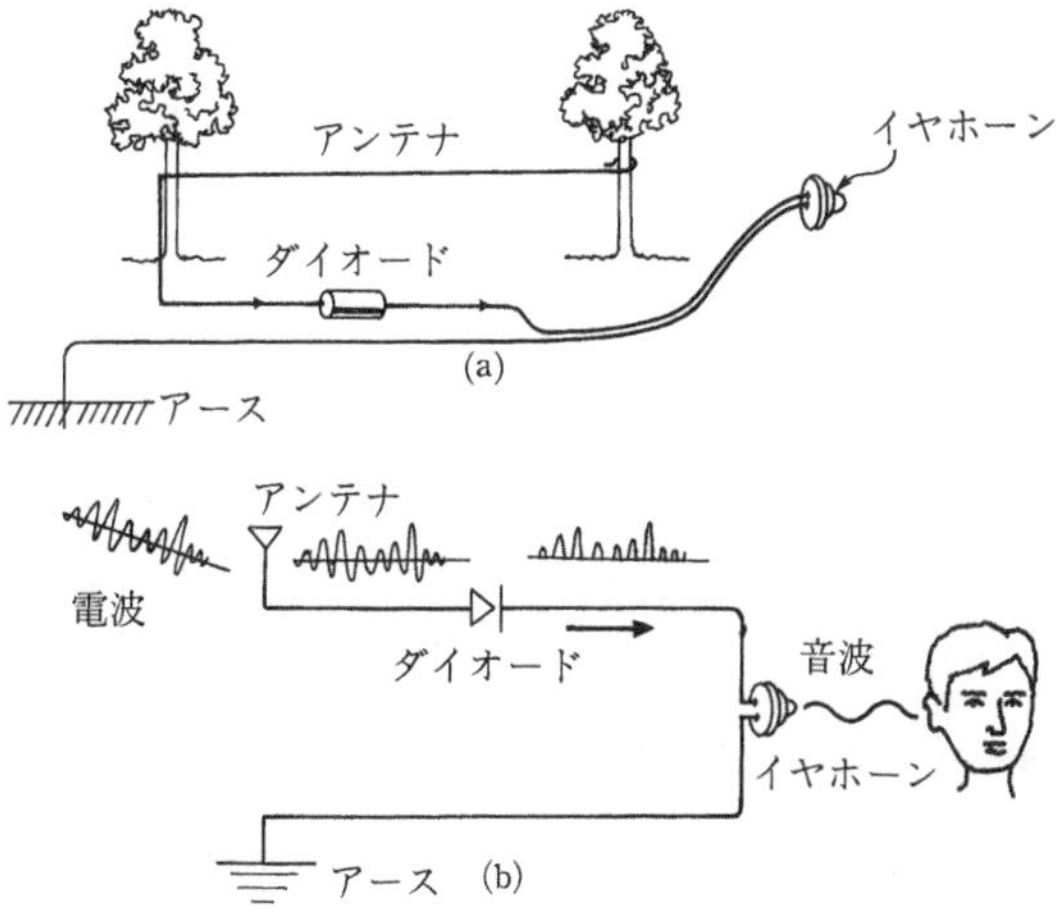

図1　ダイオードとイヤホーンだけでラジオは聞こえる

は、近くに二つ以上の放送局があると音が混信してしまう。

その問題はあとで考えることにして、まずこのラジオの働きを調べてみよう。このラジオは電池も電灯線も使わないので、エネルギー源はすべて放送局からの電波にある。放送局の電波は図1(b)のように細かく振動しているが、そのまま音に変換しても振動が速すぎて人間の耳には意味のある音声として聞こえない。

AMラジオの電波では、この振動の振れ幅が時々刻々変化している。実はこの振動の振れ幅の大小のなかに音声が乗せられている。アンテナはこの電波をキャッチして電流に変える。ダイオードはこの電流から音声成分を取り出す働きをする。ダイオードというのは、電流を一方の向きには通すが反対向きには通さない性質を持っている。つまり一方通行の道路のようなものである。そのためダイオードを通った電流は半分が切り取られたものになる。

この電流の振れ幅の変化を、音の振動に変換するのがイヤホーンである。こうして、細かい電波の振動ではなく、人間の耳に聞こえるゆっくりした音の振動が取り出される。

選局の方法は?

放送局が一つだけなら、このラジオでよいのだが、現在のようにたくさんの放送局があると、混信して困る。

そこで次に選局の回路を考えてみよう。選局のためには同調回路と呼ばれるものが必要である。この回路はコイルとコンデンサーの二つからできている。コイルというのは、子供のころ作った電磁石と同じように、導線を何回も巻いたものである。電気部品屋で買ってきてもよいし、自分で導線(エナメル線・ホルマル線など)を巻いて作ってもよい。一方コンデンサーというのはふだんあまりお目にかからないが、簡単にいえば二枚の金属板を接触しないように近づけて向かいあわせたものである。これも市販されているが、台所のアルミ箔を使って自分で作ることもできる。アルミ箔を二枚向かいあわせ、接触しないように一枚を薄いビニール袋に入れ、もう一枚を袋の上に置けばよい。

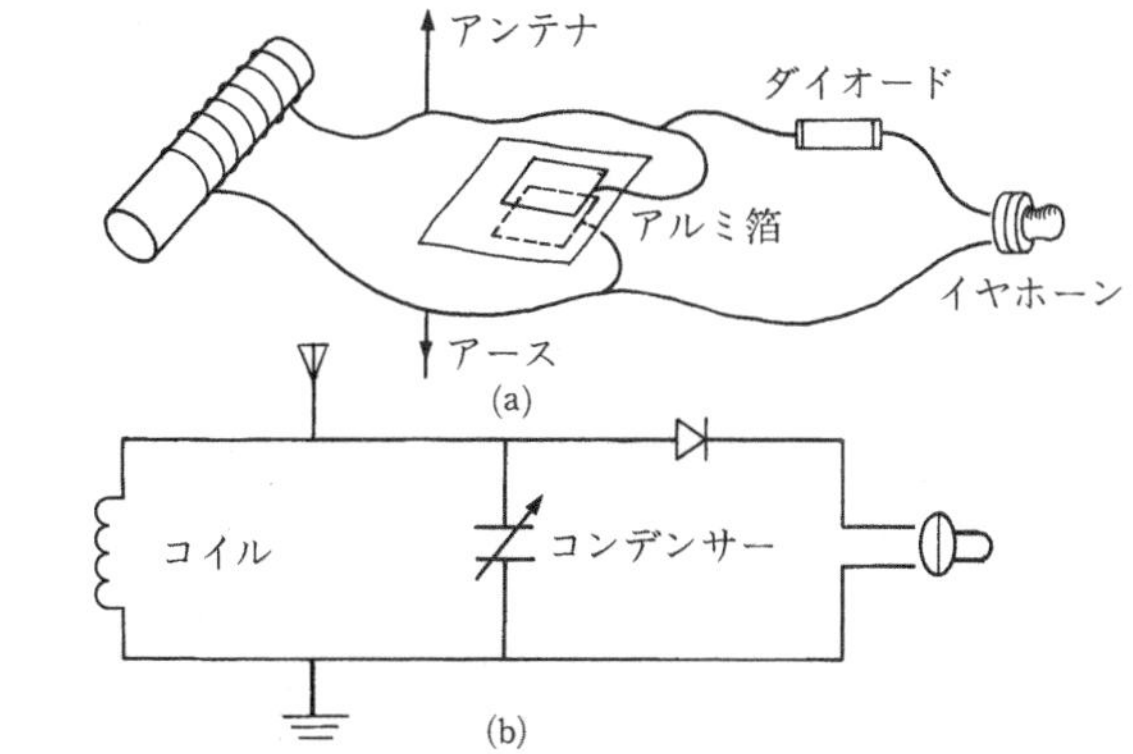

図2　もっとも簡単なラジオ

同調回路というのは、このコイルとコンデンサーを並列につないだものである。この同調回路と、前に作ったダイオードとイヤホーンの回路を組みあわせるとラジオが完成する。

コンデンサーの記号は ─┤├─ である。図2(b)のコンデンサーの記号が ─┤↗├─ のようになっているのは、ビニール袋の上のアルミ箔を動かして、アルミ箔が向かいあう面積を変化させられることを示している。このようにアルミ箔を動かすことによって、それぞれのラジオ局の音声だけを取り出すことができる。

こんな簡単なラジオでも、自分で作って放送が実際に聞こえるとなかなかおもしろい。ふだん使っているラジオのなかをのぞいて見ると、複雑でどうなっているかとてもわかりそうもないが、ＡＭラジオに関する限り、原理としてはこの手作りラジオと同じものである（主な違いは、音声を大きくするために増幅回路——

アンプ―というものが入っている点である)。

さて、このラジオ作りのなかで、電波にどう音声を乗せるのだろうか、アンテナはどのようにして電波から電流を得るのだろうか、コイルやコンデンサーはどんな働きをするのだろうかなど、いろいろな疑問を持たれた読者も多いと思われる。

そこでまず、一番簡単な直流回路にもどって、電磁気の働きを調べていくことにしたい。

第1章

回路に親しむ——水の流れと電気の流れ

一、子供から学ぶ

電流は衝突する?

回路についての子供たちの考え方はとてもおもしろい。まず子供たちの意見を聞いてみよう。豆電球、電池、それに導線を一本子供にわたして、「電球をつけてごらん」というと、図1・1のように実にいろいろなつなぎ方をする子供がでてくる。(1)のつなぎ方ではもちろん豆電球はつかない。(2)はとてもおかしいが、それでも電池と豆電球と導線はつながれている。(3)では電池はショートさせられている。(4)がもちろん正しいつなぎ方である。

(1)のようなつなぎ方を考えた子供にその理由を聞くと、

「電池から電気が豆電球に流れる」

という答えが返ってくる。この子供は片方の極だけで電球がつくと考えている。(2)のつなぎ方もこの考え方に似ている。(3)のつなぎ方では電池がすぐにだめになってしまうのでたいへん困るのだが、プラス極とマイナス極をつながなければいけないことがわかっている点では、(1)や(2)よりよいのかも知れない。

さて(4)のように正しいつなぎ方をした子供が、電流を本当に理解しているかというと、実は必

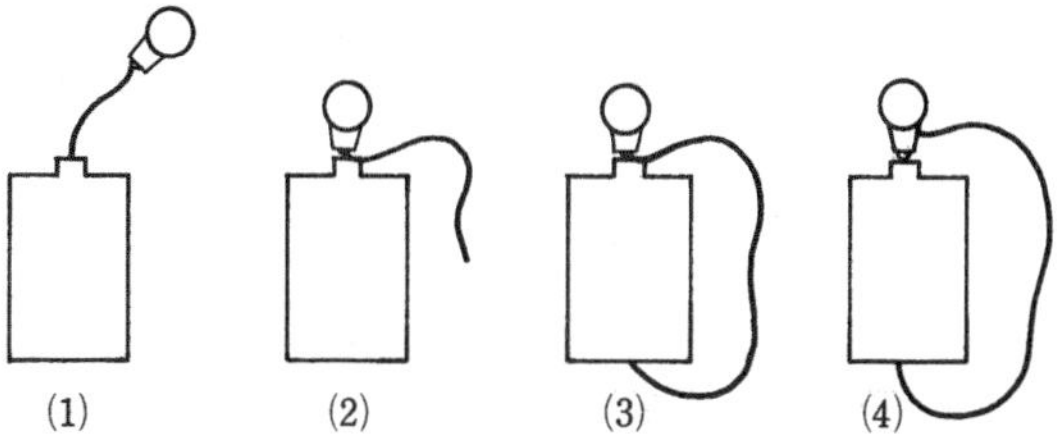

図１．１　子供たちの豆電球のつなぎ方

ずしもそうではない。この子供たちに、

「どうして豆電球がつくの？」

と聞いてみると、たとえば、

「電池の両方の極から電気が流れてきて豆電球のところでぶつかるんだよ」

という答えが返ってくる。この子供は電流が衝突して電球がつくと考えている。もちろん、

「電池の片方の極から電気が流れて豆電球を通って、もう一つの極まで流れるんだよ」

と答える子供もいる。こう答えた子供は、今度こそ電流について完全にわかっていると考えたいところであるが、実はそうはいいきれない。

電流は消費される

子供たちの考えをもう少し深く知るために、次のような問題を出してみよう。今度は回路のなかに図１・２のように二つの電気抵抗を入

れてみる。問題は、

「この回路で抵抗R_1を増やしたとき、豆電球の明るさはどうなるのか、またR_2を増やしたとき豆電球の明るさはどうなるのか」

というものである。

今度はもう少し大きな子供たちに聞いてみよう。すると次のような答えが返ってくることが多い。

「抵抗R_1を増やせば電球は暗くなるよ」

「抵抗R_2を増やしたときはどうなる？」

「そのときは電球の明るさは変わらないよ」

これは意外な答えである。そこで、

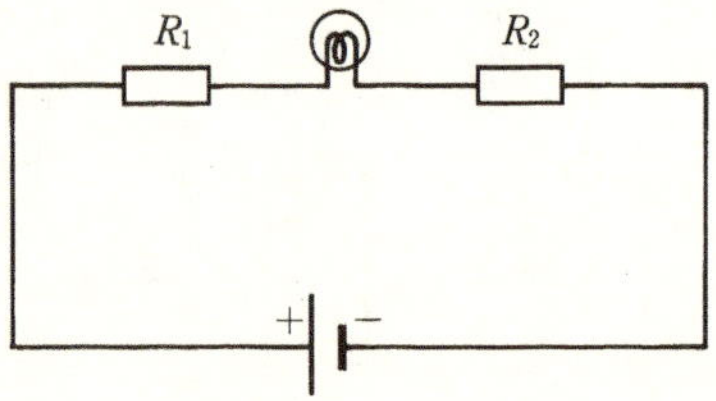

図1.2　抵抗を増やしたとき，豆電球の明るさはどうなるか？

「どうして？」

と聞いてみると、

「プラス極からやって来た電流がR_1を通るときには減ってしまうけれども、R_2は電球のうしろにあるから関係がない」

という答えが返ってくる。このような子供たちは「電流はプラス極からマイナス極に流れて行くうちに、抵抗や豆電球を通るたびに分配されて消費され、なくなってしまう」と考えていることとがわかる。

またこの答えとは逆に、

「R_2を増やすと電球は暗くなるけれども、R_1を増やしても暗くはならない」

と答える子もいる。理由を聞くと、

「電子はマイナス極からプラス極へと流れるから、R_2のところで減ってしまう」

と言う。この子供は、電流が電子の流れであることを知っているのに、電子は回路の途中で減ってしまうと考えている。

もちろん、R_1を増やしたときもR_2を増やしたときも豆電球は暗くなるというのが正解である。子供たちのまちがいの原因は、電流は回路の途中では決して減少せず、その代わりに電流のエネルギーが消費されていることが、よく理解できないところにある。

しかしこのへんになると、私たちも子供たちのことを笑ってはいられないのかも知れない。私たちの回路に関する理解は、本当に確固としたものなのだろうか。次にこの問題を考えていくことにしよう。

二、水の流れと回路のイメージ

「電圧は流れる」か?

遊園地に遊びに行くと、ジェットコースターに似た乗り物で、水の流れの上をボートがすべっていく乗り物がある。ジェットコースターよりゆったりしていて一味違った乗り心地がする。またプールに遊びに行くと、水を使ったすべり台がある。このすべり台には、とても長いものもあったり、ラセンになっているものもあって、子供だけでなくおとなも夢中にさせられる。このような装置では、水はポンプで高い所へ汲み上げられ低い所へと流れ、またポンプで汲み上げられる。この水の循環が回路をめぐる電流とよく似ている。

電気回路では、電流、抵抗、電圧、電力、そしてエネルギーなどの言葉がしばしば使われる。私たちもふだんなにげなくこれらの言葉を使っている。けれども、これらの量を正しく理解することは、そうやさしいことではない。回路がよくわからない一番の原因は、これらの量のイメージがうまくつかめていないところにある場合が多い。そこでここでは、水流のイメージを利用して回路のようすを考えることにしよう。水と電気の性質はもちろんまったく同じというわけではないが、ここでは回路のイメージをつかむために、まず水の助けを借り、そのあとで水と電気の違いを考えることにしよう。

最初に電池一つと豆電球一つの、もっとも簡単な回路に対応する水の回路を考える。図1・3(a)がそれである。電池に対応するのは、低い所から高い所へ水を汲み上げるポンプである。また電球（抵抗）に対応するのはダムである。電流に対応するのはもちろん水流である。電流は循環しており、決して途中で減少しない。

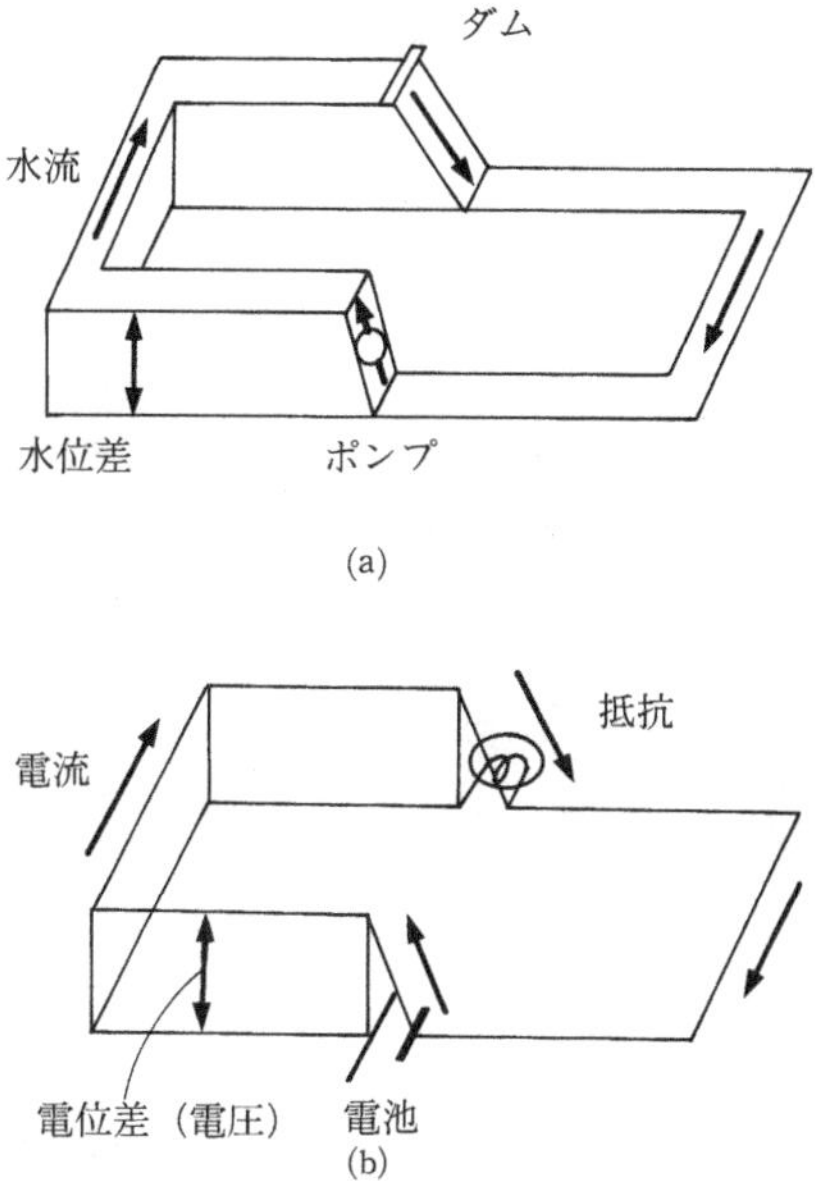

図1.3　(a)直流回路の水流モデル
(b)電位差は水位差に対応する

さて、電圧に対応するものはなんであろうか。この電圧というのがなかなかくせものである。ときどき「電圧が流れる」というい方を聞くことがあるが、電流と電圧はまったく別の概念であって、電圧が流れることはない。電圧のことを電位差とも呼ぶが、この電位差に対応するのは水位差である。強いポンプが大きな水位差を作り出すのと同じように、強い電池は大きな電位差＝電圧を作り出す。
以上の対応を整理すると次のようになる。

電池	ポンプ
電圧（電位差）	水位差
電流	水流
抵抗	ダム

この水流のイメージをもとにして回路のようすを示すと、図1・3(b)となる。電位の高低を書いてあるのがこの図の特徴である。水位の高低と電位の高低がちょうど対応していることに注目していただきたい。

オームの法則――電流、電圧、抵抗の関係

回路を調べるとき欠かすことのできないオームの法則は、公式にすると、次のように表わされる。

$$電流 = \frac{電圧}{抵抗} \qquad I = \frac{V}{R}$$

ただしIは電流、Rは電気抵抗、Vは抵抗の両端の電位差（いわゆる抵抗にかかる電圧）である。電流の単位はアンペアA、抵抗の単位はオームΩ、電圧の単位はボルトVであることはご存じであろう。この法則はたいへん単純に見えるが、そのなかにはいくつかの大切な意味がふくまれている。

まずこの法則は、抵抗を流れる電流がその両端の電圧に比例すること、つまり同じ抵抗なら高い電圧をかけるほど大きな電流が流れることを表わしている。

次にこの法則は、同じ電圧をかけたときには電流が抵抗に反比例すること、つまり抵抗が大きいほど流れる電流が小さくなることを表わしている。

オームの法則はほとんどの金属の抵抗についてよく成り立つもので、回路を調べたり組み立てたりするときたいへん役に立つ法則である。

金属のなかでもっとも抵抗の小さいのは銀で、太さ一平方ミリメートル、長さ一メートルの銀線の抵抗は、わずか〇・〇一六二オームである。したがって銀を送電線に使えば送電の効率は一番よいが、銀は高価なので銅（同じサイズの銅線で〇・〇一七二オーム）が利用されている。またストーブなどに使われるニクロム線ではずっと抵抗が大きく、同じサイズで約一オームとなる。

なお、電球に使われるタングステンなどでは、電流が増して発熱量が増大し温度が上がると抵抗が増加する。このため電圧と電流が比例するというオームの法則からはずれてしまう（図1・

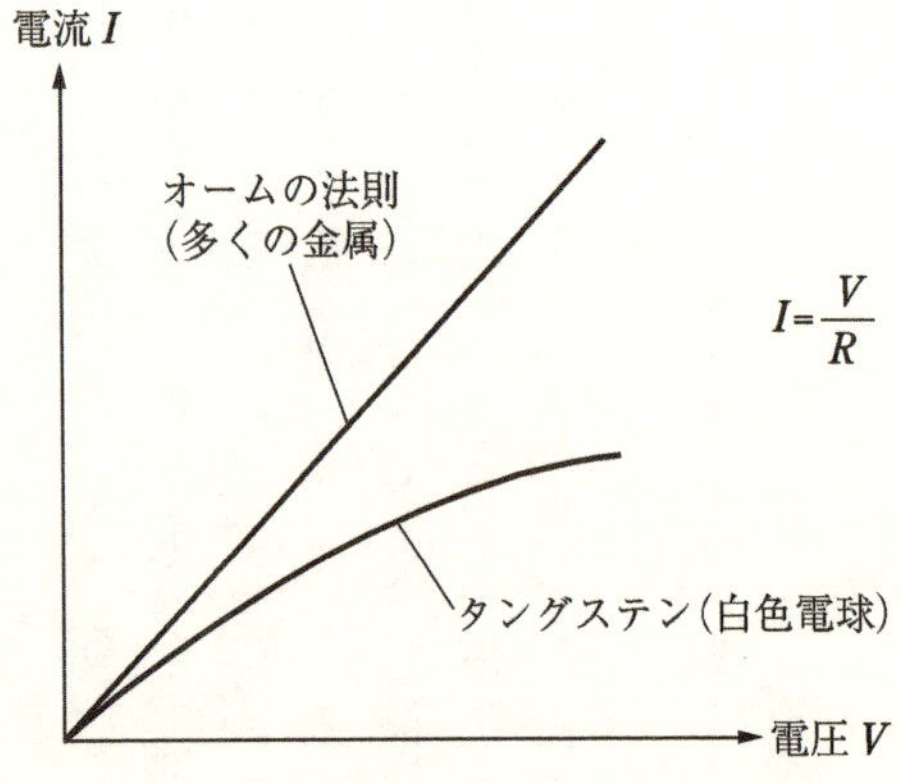

図1.4　オームの法則とそれに従わない抵抗

便利屋、テスターを使おう

テスターは電流、電圧、抵抗を簡単に測れる便利な装置である。物理の実験室などには必ずあるものだが、家庭にはあまりないようだ。しかし、テスターがあると電気器具のちょっとした故障などを簡単に見つけることができる。たとえば、電球がつかなくなったとき、電球が切れたのか、それともソケットの具合が悪いのか、電球の抵抗を測ればすぐわかる。最近のテスターには、バッテリーのチェック機能がついているものもあり、電池がだめになったかどうかもわかる。

電気のわかりにくさは、電流、電圧、抵抗などが目に見えないところにその一因がある。「百聞は一見にしかず」のことわざ通り、テスターのメーターでこれらを実際に見ることは、電気を理解する一番の近道である。値段も高いものではないので、ぜひ一家に一台テスターを。

4)。しかし、おのおのの温度のときの抵抗は電圧を電流で割ったものとして約束できるので、

電圧＝電流×(その温度のときの)抵抗

という式は使うことができる。

三、電力とはなにか

五〇〇ワットと一〇〇〇ワット。どちらの抵抗が大きいか？

電流、電圧、抵抗の関係が理解できたところで、電球の明るさや、ストーブの暖かさを決める電力という量について考えてみよう。

まず問題を一つ。

〔問題〕 五〇〇ワットと一〇〇〇ワットの電気ストーブではどちらの抵抗が大きいか。

「当然、抵抗が大きいほど発熱量が多いんじゃない？」

こんな答えが予想される。しかし、ちょっと待っていただきたい。順を追ってよく考えてみよう。ストーブの発熱量は、そこで消費される電気エネルギーで決まる。一秒あたりに消費される電気エネルギーを消費電力というが、この消費電力はなにで決まるのだろうか。

「電流が大きいほどストーブは暖かくなるんじゃない？」

「高い電圧をかけた方が暖かいと思うよ」

この二つの意見はそれぞれ半分ずつ真理をふくんでいる。消費電力は電圧が高いほど、また電流が大きいほど大きくなる。公式で表わすと、

消費電力＝電圧×電流

$$P=V\times I$$

Pは消費電力powerのことで、その単位はワットWである。この公式は、水流モデルではダム（↔抵抗）に発電所を作ったとき、その発電能力が水位差（↔電圧）が大きく、水流（↔電流）が多いほど大きいことを考えると理解しやすい。

ストーブの問題では、二つのストーブの両端の電圧は一〇〇ボルトで共通なので、消費電力は電流が大きいほど、つまり抵抗が小さいほど大きくなり、発熱量も大きいことになる。

ついでにおのおののストーブの抵抗を求めてみよう。五〇〇ワットのストーブでは、流れる電流は消費電力の式より、

$$P=VI \longrightarrow I=\frac{P}{V}=\frac{500\text{ワット}}{100\text{ボルト}}=5\text{アンペア}$$

抵抗の値は電圧を電流で割って、

$$R = \frac{V}{I} = \frac{100\text{ボルト}}{5\text{アンペア}} = 20\text{オーム}$$

また、一〇〇〇ワットのストーブでは、

$$P = VI \longrightarrow I = \frac{P}{V} = \frac{1000\text{ワット}}{100\text{ボルト}} = 10\text{アンペア}$$

$$R = \frac{V}{I} = \frac{100\text{ボルト}}{10\text{アンペア}} = 10\text{オーム}$$

確かに一〇〇〇ワットのストーブの方が抵抗は小さい。抵抗が少なくてすむのなら、発熱量の大きいストーブの方がなぜ値段が高いのだろうという素朴な疑問がわいてくる。もちろん家庭電器メーカーがごまかしをやっているわけではない。発熱量の大きなストーブほど、安全性を高めるために各部分の耐熱性などを強化する必要があるので、当然コストは高くなるからである。

電気ストーブの話をするとき、私はいつも少年のころのいたずらを思い出す。昔の電気ストーブはニクロム線がそのまま露出していた。そのニクロム線の一部をアルミ箔で短くつないでしまうのである。そうすると抵抗が減るので、五〇〇ワットの電気ストーブでもそれ以上の発熱量が得られる。しかし、このようないたずらは決しておすすめできない。ストーブの安全性の限界を超えた電流が流れるので、事故の危険があるからである。

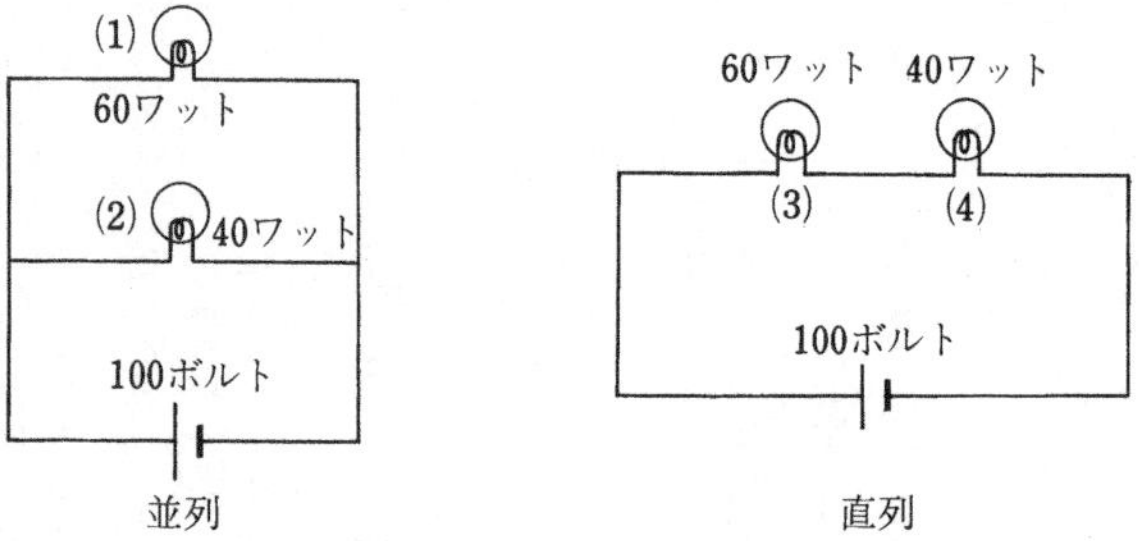

図1.5　電球の明るさの順番は？

古くなったコードなどで二本の導線が接触して、いわゆるショートを起こした場合も、回路の抵抗が極端に減少した例である。こうなると家のなかの配線に大電流が流れ、大量の熱を発生して火事になる危険がある。そこで熱に融けやすいヒューズが切れて電流を止める。そのヒューズの取り換えがめんどうだというので、現在ではブレーカーのスイッチが切れるようになっている。

どちらが明るい？

回路を考えるときには、並列と直列という問題に必ずぶつかる。たとえば図1・5の四つの電球の明るさは、どんな順番になるのだろうか。一番明るいのは？　その次は？　……そしてもっとも暗いのはどれだろうか（注：この実験は交流電源で行うのだが、わかりやすいように、ここでは直流電源で扱うことにする）。

一度に考えると混乱しそうだから、まず並列の方から考えることにしよう。六〇ワットと四〇ワットの電球では六〇ワットの電球の方が抵抗が小さい。並列の場合はどちらの電球にも同じ電圧がかかるので、抵抗の小さい六〇ワットの電球(1)の方に大きな電流が流れて明るく光ることになる。

ついでに、おのおのの電球に流れる電流を求めよう。$P=VI$ の式より、

電球(1)を流れる電流

$$I=\frac{P}{V}=\frac{60\text{ワット}}{100\text{ボルト}}=0.6\text{アンペア}$$

電球(2)を流れる電流

$$I=\frac{P}{V}=\frac{40\text{ワット}}{100\text{ボルト}}=0.4\text{アンペア}$$

となる。確かに六〇ワットの電球の方をたくさんの電流が流れている。並列の場合のポイントは各電球の電圧が共通になることで、そのため抵抗が小さい方に必ず大きな電流が流れる。

つぎに直列の場合を考えてみよう。今度は、二つの電球を流れる電流が共通な点がポイントとなる。

電流は水流と同じように、回路（↔水路）に枝分か

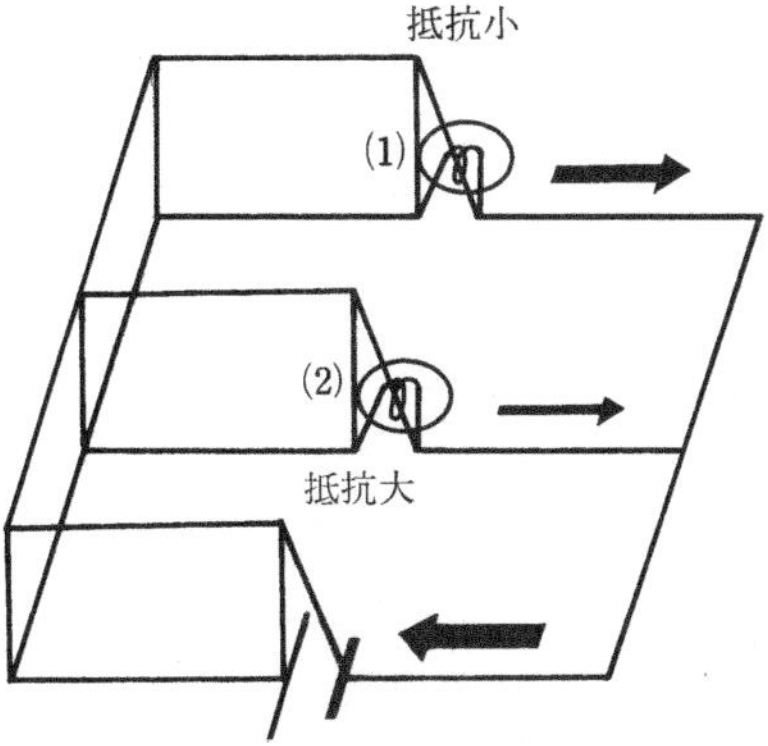

図1.6　並列のときは小さな抵抗に大きな電流が流れる

れがなければどこでも同じ大きさである。では同じ電流が流れたとき、抵抗の大きい方と小さい方でどちらが明るくなるのだろうか。

「抵抗の大きい方が今度は明るいはずだよ」

確かにその通り。電圧＝抵抗×電流の式を思い出すと、電流は共通なので抵抗の大きい電球にかかる電圧の方が大きく、消費電力＝電圧×電流は大きくなる。こうして、並列とは逆に抵抗の大きな四〇ワットの電球(4)の方が明るいことがわかる。これはちょっと意外である。

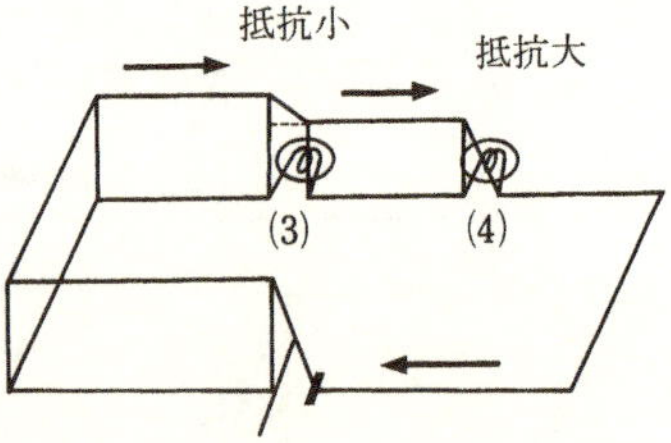

図1.7　直列のときは大きな抵抗の方に大きな電圧がかかる

最後に並列の四〇ワットの電球(2)と、直列の四〇ワットの電球(4)を比べてみる。直列の四〇ワットの電球(4)の方は六〇ワットの電球がある分だけ、かかる電圧が小さく、抵抗が二つ直列になっているため電流も小さいので暗くなる。こうして四つの電球の明るさは、(1)(2)(4)(3)の順になることが明らかになった。

四、複雑な回路を解く切り札

二つの回路をいっしょにする

直流回路でたいへん役に立つ並列・直列の考え方も、回路が複雑になってくるとなかなか使いにくくなる。そのような場合に役に立つのがキルヒホッフの法則であるが、この法則を説明する前に簡単な問題を考えてみよう。

図１・８(a)のように、電池に豆電球をつないだ二つのまったく同じ回路がある。これを図の(b)のようにつなぎ替えたら二つの電球の明るさはどうなるだろうか。考えられる答えは、

(1)　豆電球は二つとも(a)のときと同じようにつく。なぜなら電流はAで合流してBの方へ流れるから。

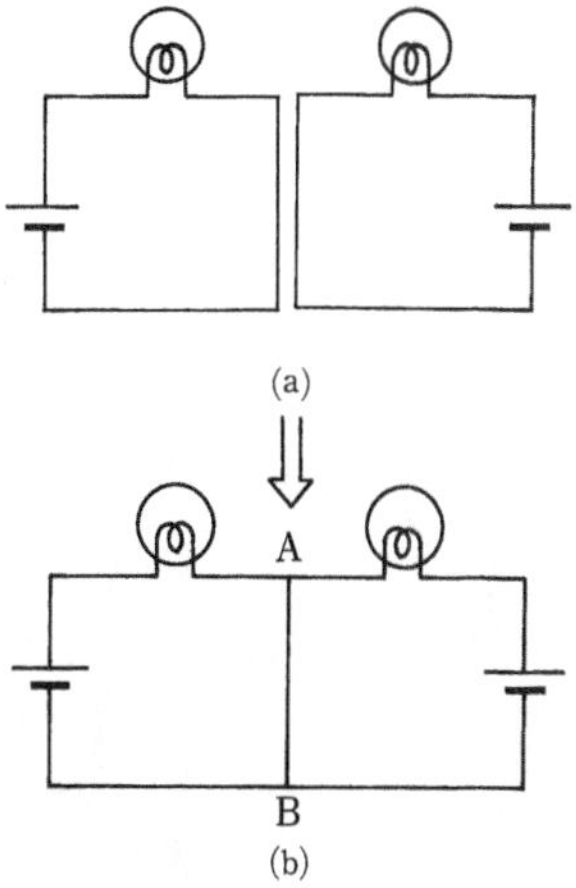

図１．８　２つの回路をくっつけると電球の明るさはどうなる？

(2)　豆電球は二つともつかない。なぜなら電流はAでぶつかって止まってしまうから。

(3)　豆電球は二つとも(a)のときより暗くなる。なぜなら電流はAで合流してBへ行くが、その量は回路が別々のときより少なくなるから。

それぞれもっともらしい理屈がついてい

るが、ＡＢ間の抵抗がゼロであることに注意すれば(1)が正解であることがわかる。ＡＢ間にはいくらでも電流が流れることができるので、別々のときの二倍の電流が流れることになる。

この問題くらいなら、まだ直観的に解くことができて、次のキルヒホッフの法則を必要としない。しかし、もう少し回路が複雑になると、直観では解きにくくなる。

抵抗が増えるとどうなるか?

キルヒホッフの法則が必要になるのは、図１・９のように同じ回路に抵抗を一本増やした場合である。この二つの回路を前と同じように図の(b)のようにつなぎ替えたとき、二つの電球の明るさはどうなるのだろうか（簡単にするため電球の抵抗は温度が変わっても変化しないとしておく）。考えられる答えは、

(1)　二つとも変わらない。
(2)　二つともつかない。
(3)　二つとも暗くなる。
の三つのほかに、
(4)　二つとも明るくなる。
というのもあり得るであろう。

ＡＢ間の抵抗が無限大ではないのだから(2)はありえないことは見当がつく。しかしＡＢ間の抵抗が豆電球を明るくする方に寄与するか、その逆か、または明るさを変えないかを予測することはかなりむずかしい。むろん不可能ではないので興味のある方は予測されてもよいが、ここではキルヒホッフの法則を使うことにしたい。

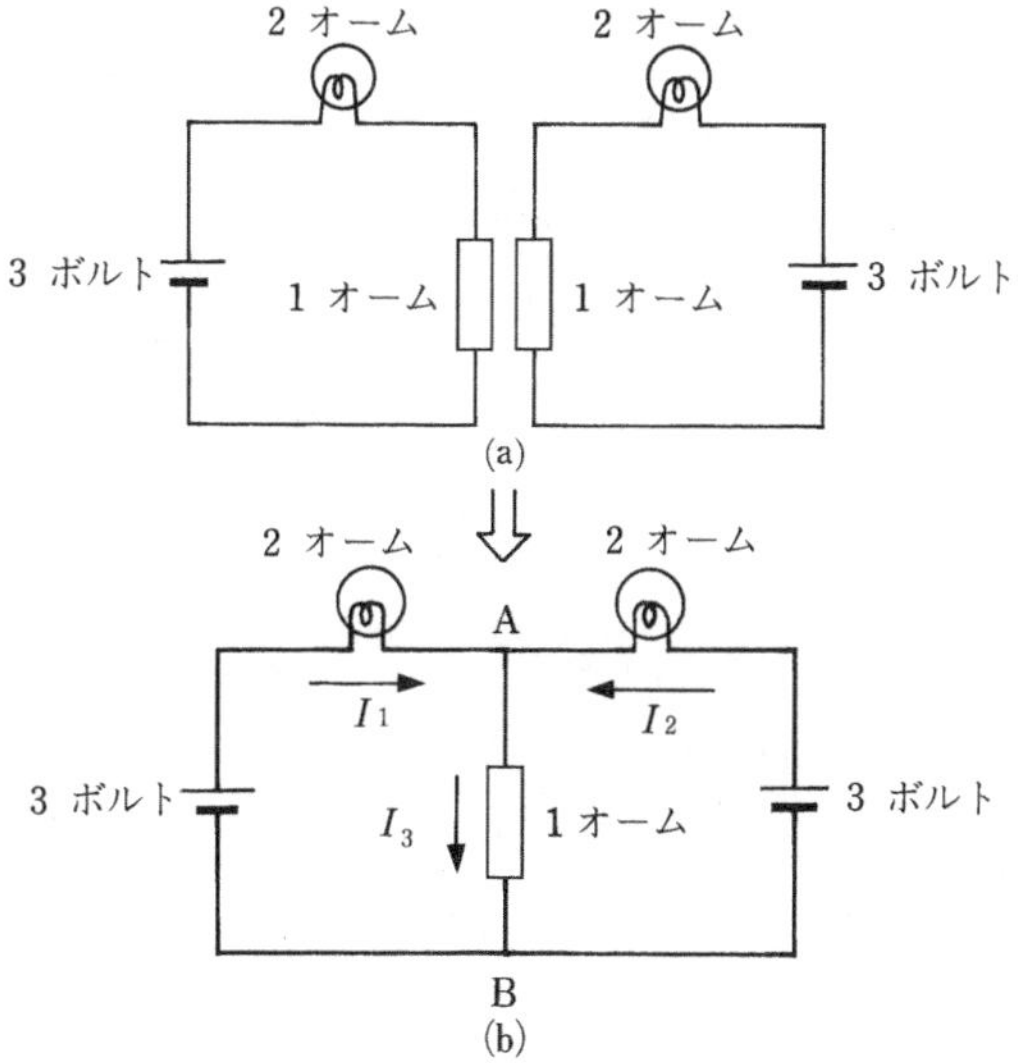

図１．９　電球の明るさはどうなる？

キルヒホッフの法則

キルヒホッフの法則は、枝分かれがたくさんあり、電池や抵抗が何個も含まれている複雑な回路を、すべて解明することができるいわば万能の法則である。というとなにかたいへんむずかしい法則を想像しやすいが、実際には極めて簡単なもので、次の二つの法則から成り立っている。

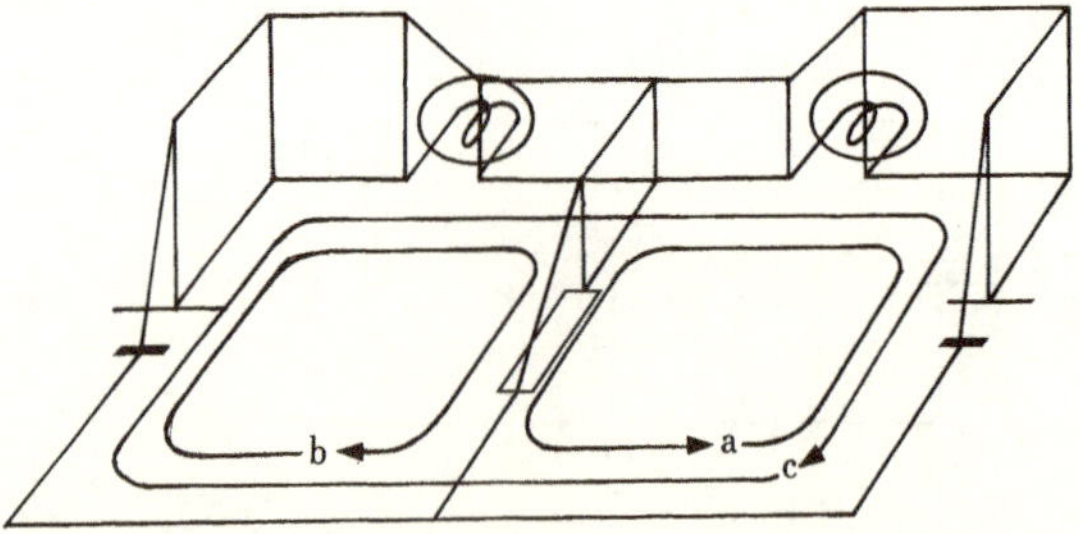

図1.10　閉じた回路をどの向きにたどっても，ひとまわりで電位はもとにもどる

第一の法則は、

「回路の分岐点では、流れ込んでくる電流の和と流れ出す電流の和は等しい」

というもので、水流モデルにもどれば川の水の合流や分岐とまったく同じである。

第二法則は電位に関するもので、

「複雑な回路のなかの、どの閉じた回路をひとまわりたどっても、電位はもとにもどる」

というものである。この第二の法則は少々イメージがつかみにくいかもしれない。図1・10をごらんいただきたい。閉じた回路というのはこの図では回路a、b、cの三つである。図には電位のようすが書き込んである。第二法則が主張しているのは、水流モデルで水が循環しているときに、どこをひとまわりしても水位がもとにもどるのと同じように、ひとまわりで電位がもとにもどるということである。

このとき、閉じた回路の向きは、電流の向きをまったく気にせず決められることが、図をよく見るとわかるであろう。

回路の途中にあるのが電池と抵抗だけならば、第二法則は次のようにいいかえることができる。

「閉じた回路（閉回路）をひとまわりたどるとき、電池による電位の上昇の和と抵抗による電位の降下の和は常に等しい」

連立方程式を解くと

最後にこの二つの法則を使って、図１・９(b)の回路の問題を解いてみよう。各部分を流れる電流を図のように約束して、まず分岐点Ａに第一法則を使うと、

流れ込む電流の和＝流れ出す電流の和

$I_1+I_2=I_3$

つぎに第二法則を閉回路ａとｂに適用すると、

抵抗による電圧降下の和＝電池による電圧上昇の和

だからａ回路では、

2オーム×I_2＋1オーム×I_3＝3ボルト

ｂ回路では、

$2オーム \times I_1 + 1オーム \times I_3 = 3ボルト$

となる。ここで抵抗による電圧降下の計算にオームの法則 $V=RI$ が使われている。

以上の三つの式には未知数が三つ（I_1、I_2、I_3）ある。これは中学校で習う連立方程式であるが、未知数と式の数が同じなので簡単に解くことができる。答えを書くと、

$I_1 = 3/4アンペア = 0.75アンペア$

$I_2 = 3/4アンペア = 0.75アンペア$

$I_3 = 6/4アンペア = 1.5アンペア$

となる。

この結果を回路が別々であった図1・9(a)とくらべてみよう。別々の場合は、回路を流れる電流はオームの法則を使って、

$$I = \frac{3}{2+1}アンペア = 1アンペア$$

である。こうして回路を一つにすることにより、豆電球を流れる電流が一アンペアから〇・七五アンペアに減ることがわかる。当然、オームの法則により豆電球にかかる電圧も小さくなり、電球は暗くなることがわかった。

キルヒホッフの法則を使う方法は、電池の電圧や豆電球の抵抗が左右で異なっている場合にも

適用できることがおわかりと思う。さらに回路がどんなに複雑になっても方程式の数が増えるだけなので、どの部分を流れる電流もすべて求めることができる。電流が求められれば、オームの法則によってどの抵抗の両端の電圧も求めることができるので、キルヒホッフの法則はすべての回路を解くことのできる万能の法則ということになる。

五、電流とエネルギーの流れ

原子を作るもの

電流を水流と同じようなものと考えると、回路のなかで起きていることは理解しやすい。しかし、導線を実際に流れているのはもちろん水ではない。ここで電流の担《にな》い手について、はっきりしたイメージをつかんでおこう。そのため、原子についておさらいをする必要がある。

自然界を構成しているものはなにかという、古代ギリシアからの疑問は、二〇世紀の初頭の原子論の確立によって、ようやく正しい解答を見出した。あらゆる物質は原子からできている。現在では電子顕微鏡を使って、原子一つ一つを見ることができる（さらに、原子一つ一つの操作も可能である）。

原子はそれ以上分割できないものではない。原子はその中心にある小さな原子核と、そのまわりをまわっている電子からできている。原子核はたいへん小さいが、原子の質量のほとんどがそこに集中している。電子はきわめて軽く、一番軽い水素の原子核の約二〇〇〇分の一の質量しか持っていない。電磁気の世界で電子が活躍するのは、この身軽さによるところが大きい。

一方、原子核はさらに、陽子と中性子という二種類の粒子からできている。

各粒子の質量は、

陽子　1.673×10^{-27} kg

中性子　1.675×10^{-27} kg

電子　9.109×10^{-31} kg

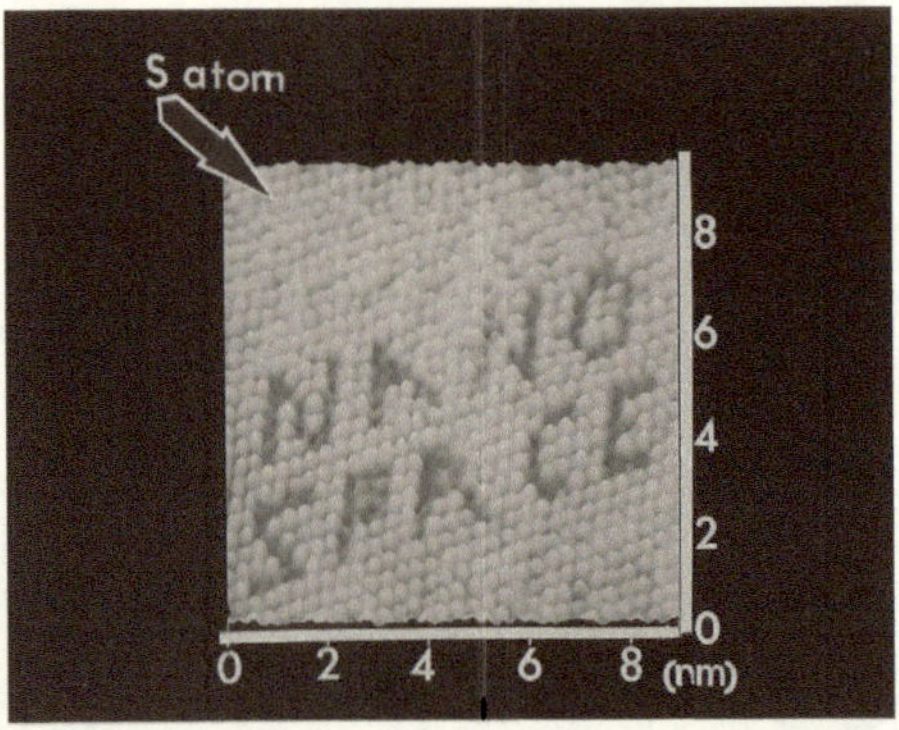

図1.11　走査型トンネル顕微鏡を用いて描画した原子文字 NANO SPACE（㈱日立製作所中央研究所提供）

である。これらの粒子の間にはたいへん小さいが、万有引力が働く。

一方、これらの粒子の間にはもう一つ別の力が働く。電子と陽子は引きあい、電子同士、陽子同士は反発しあう。この力は万有引力とはまったく異なる力で（万有引力には反発力はない）、その大きさもけた違いに大きい。この力が電気力である。太陽のまわりを地球がまわるのは万有引力によるが、原子核のまわりを電子がまわるのは電気力による。
　この電気力を説明するために粒子に与えられた量が電気量（電荷ともいう）である。電子はマイナスの電気量を持ち、陽子はプラスの電気量を持つ。中性子とほかの粒子との間には電気力はまったく働かないので、中性子は電気量がゼロの粒子である。各粒子の電気量は、

電子　-1.60×10^{-19} クーロン
陽子　$+1.60\times10^{-19}$ クーロン
中性子　ゼロ

である。クーロンというのは電気量の単位で、一アンペアの電流で一秒間に運ばれる電気量が一クーロンである。電子と陽子の電気量は、符号は逆であるが大きさはまったく同じであることに注目しよう。

電荷は保存される

電荷（電気量）については、一見常識的ではあるが、大切な法則がある。それは、
　外部との電荷の出入りがない限り、物体の電荷の総量は保存される
という、電荷保存の法則である。これは、陽子や電子が消えてしまったり、突然現われたりすることがない限り、あたりまえといえば、あたりまえである。ところが、自然界には陽子と電子

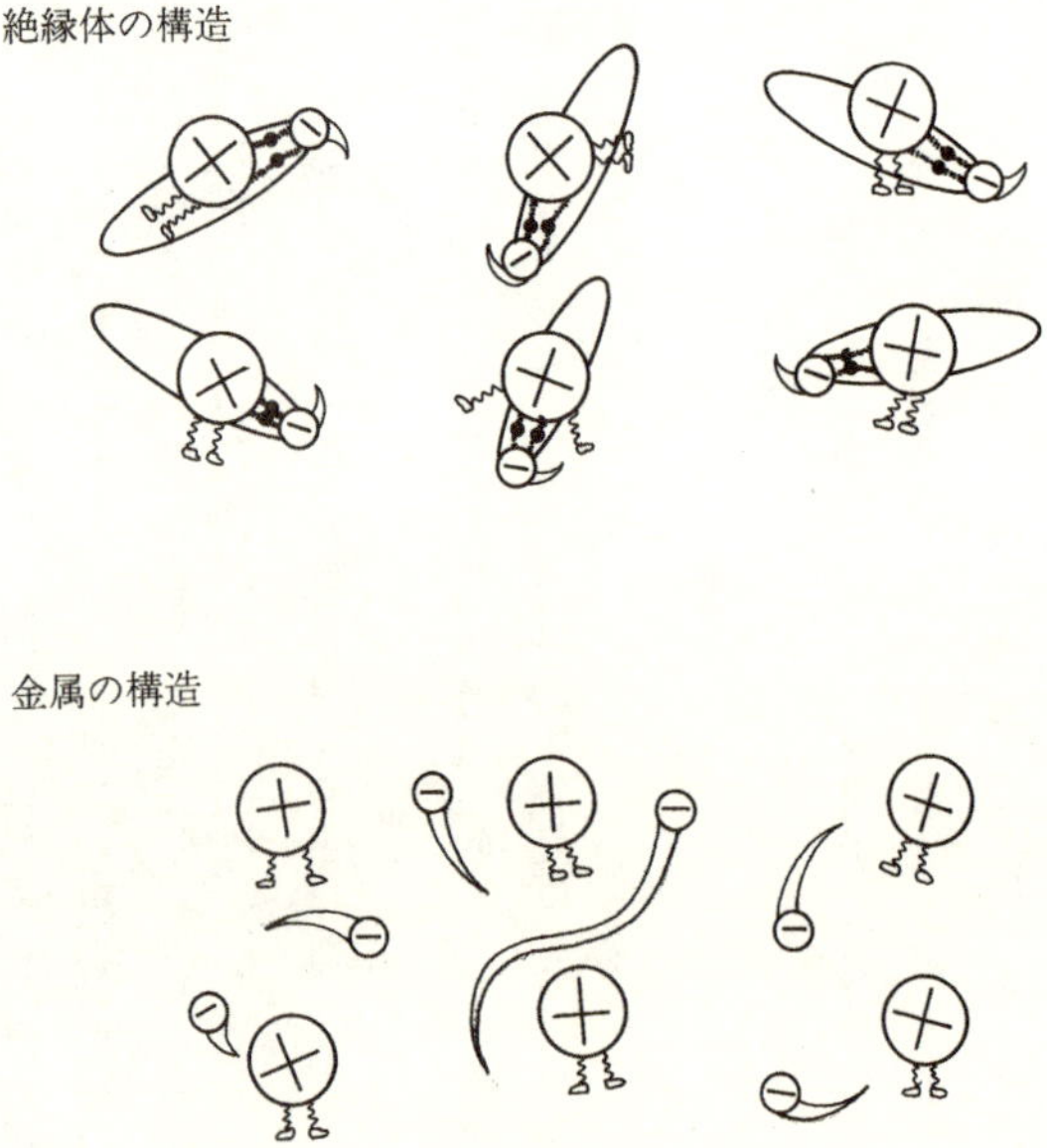

図1.12 絶縁体では電子は原子核のまわりをまわっているが，金属では自由に動きまわる

が衝突して、両方の粒子が消滅し、中性子に変わってしまうような素粒子の反応もある。しかしこの場合でも、衝突前と後の電荷の総量は、どちらもゼロであり、電荷は保存されている。この電荷保存法則は、エネルギー保存則などとともに現代の物理学の根底にある大切な法則の一つである。

自由電子はゆっくり流れる

ふつうの状態では物質は電気的な性質を示さない。それはおのおのの原子の原子核のなかにある陽子の数と、まわりの電子の数が等しいからである。たとえば銅の原

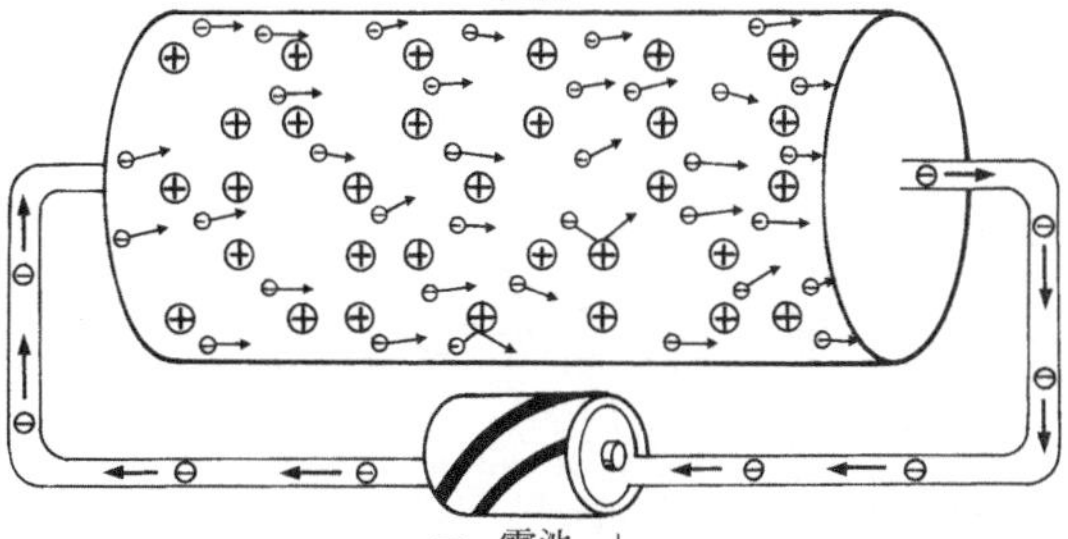

図1.13　金属中を流れる自由電子が電流の正体である

子では、陽子・電子の数はどちらも二九個である。

ガラスや陶磁器のような絶縁体（電気を通さない物質）のなかでは、原子核のまわりの電子はおのおのの原子核から遠くへ離れることはない（図１・12上）。

ところが銅や鉄のような金属のなかでは、原子核の外側をまわっている電子が、自分の原子核を離れてふらふらと動いている（図１・12下）。このような電子を自由電子という。また電子を失った原子は陽イオンと呼ばれる。身軽な自由電子は、金属導線に電池をつなぐと、いっせいにマイナス極からプラス極の方へと動きだす。この膨大な数の自由電子の流れが金属内の電流である。

しかし電子は、ニクロム線や電球のフィラメントのなかを、まったく自由に動けるわけではない。電子は金属の陽イオンに衝突しながら進む。金属の電気抵抗の原因は、この陽イオンによる妨害にある。

水流モデルでは抵抗をダムに対応させたが、ここで水流と電流の違いを明らかにする必要がある。ダムでは水流は下へ行くほど速くなる。しかし、電子は陽イオンの妨害のため、抵抗のなかを等速で進む。このとき電子はそのエネルギーを陽イオンに与える。このため陽イオンの振動が激しくなり、熱が発生する。この熱はジュール熱と呼ばれる。

なおタングステンなどの電気抵抗が温度とともに増える（二五ページ）のは、温度上昇とともに陽イオンの熱運動がさかんになり、電子の流れをより激しく妨害するようになるからである。

銅線を例にとって、そのなかの電子のようすをもっとくわしく見てみよう。銅のなかには一立方センチメートルあたり、8.5×10^{22}個もの大量の自由電子がある。断面積が一平方ミリメートルの銅線のなかを一アンペアの電流が流れているとき、電子の移動の速さはどのくらいだろうか？　電子の速さはかなり大きいのではないかと思われるが、実はなんと毎秒〇・一ミリメートル！

これでは懐中電灯のスイッチを入れても、電球がともるまでにかなり時間がかかるのではないかと心配になる。しかしその心配はいらない。導線や電球のなかの電子は、スイッチを入れるのとほとんど同時に、いっせいに動き出す。

なぜいっせいに動き出すのか。トコロテンのように電子が隣の電子を押すという説明もあるが、これは必ずしも正しくない。実際にはほとんど瞬時にすべての電子に「動け！」という指令が伝わるのである。この指令を出すのが次章に登場する電場である。

自由電子は金属の外へ導き出すこともできる。二つの電極を入れたガラス管のなかの空気を抜き、電極間に高い電圧をかける。するとマイナス極の方からプラス極へと真空中を電子が流れる。これは真空中の電流である。蛍光灯では気圧を下げたガラス管のなかに水銀を入れ、電子を流し、水銀を発光させる。この水銀からの光を蛍光物質で自然光に近い光に変えている。

電流とエネルギーは別物

次に電流とエネルギーの違いをはっきりさせよう。導線のなかを流れている電流の正体は電子の流れである。電子の持っている電荷はマイナスだから、本当は電子は電池のマイナス極からプラス極へと流れている。しかし電子の流れで回路を説明していくと少々ややこしくなるので、ふつうは電子の代わりにプラスの電荷を持った粒子を考え、それがプラス極から電球を通ってマイナス極へ流れるとする。このプラスの電荷を持った粒子は、電池によって再び電位の高い所に持ち上げられてぐるぐると回路を循環する。つまり回路に枝分かれがなければ、電流は回路のどこでも同じ量だけ流れていて、決して途中で減少することはない。

そこで回路の導線の任意の断面を考えると、そこを毎秒通過する電荷はどこでも同じである。一秒間に導線の断面を通過する電荷を電流というので、時間 t〔秒〕の間に電荷 q〔クーロン〕

が通過すれば、その回路の電流I〔アンペア〕は、

$$I=\frac{q}{t}$$

と表わされる。

次にエネルギーについて考えよう。そもそもエネルギーとはなんだろうか。高い所にある水は低い所に落ちるとき、水車を回して仕事をすることができる。このように仕事をする能力があるとき、物はエネルギーを持っているという（なお、仕事とは正確には、物体に加えた力×動かした距離のことをいう）。

ポンプが仕事をして水を高い所に持ち上げるのと同じように、電池はプラスの電荷をマイナス極からプラス極へ持ち上げる。つまりここで電池は回路にエネルギーを供給する。こうして電位の高い所へ持ち上げられたプラスの電荷はエネルギーを持ったことになり、電球の所で電位の低い場所へ流れるとき電球を光らせる仕事をする。つまり電荷のエネルギーは電球の所で光や熱のエネルギーに変わる。

以上のように電流は回路を循環するが、エネルギーは電池から回路に供給され、電球の所で回路の外へと逃げていく。

＊　＊　＊

以上この章では電気に親しむため、直流回路の電流・電圧・電力・エネルギーなどを調べてみた。第2章以降では、電磁気学の基礎になるこれらの概念をさらに掘り下げながら、変化に富む電磁気の現象を考えていくことにしよう。まず電流の原動力となる電気力について次章で考えてみる。

ここではじめて電磁気学の一方の主人公――電場が登場する。

第2章

電場を考える——遠隔力と近接力

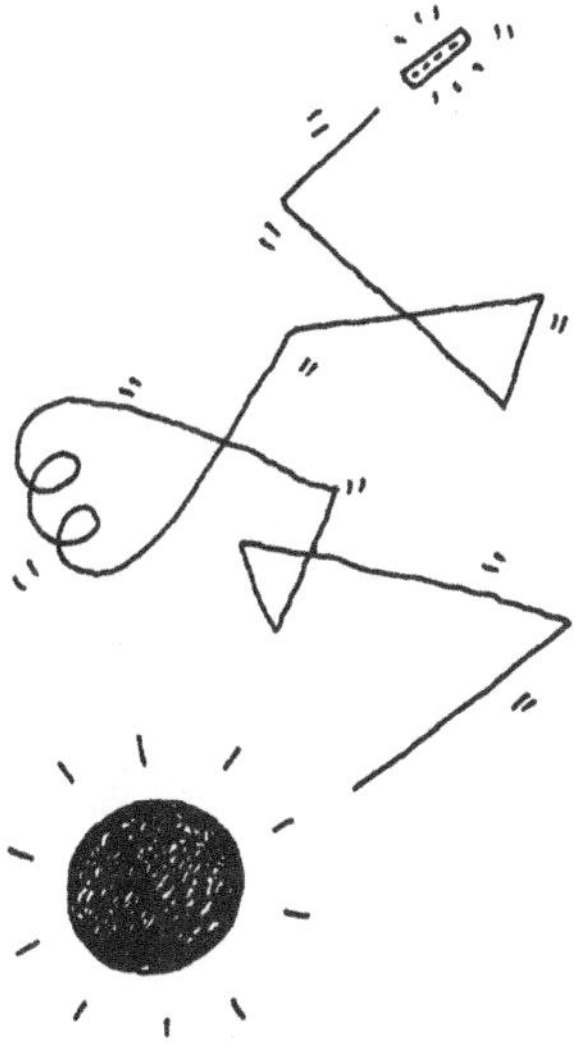

一、静電気の不思議

電気の〝太陽〟

宇宙船ヘレナ号は、先ほどから船体に異常を感じていた。特に電気系統がおかしい。計器が原因不明の誤作動を起こすのである。

乗組員「船長、理由がわかりました。強力な電場が、この付近の宇宙空間に存在しています」

船長「なに、電場……。その源はなんだね」

乗組員「まだわかりません。こんな強力な電場は、これまで宇宙空間のどこにも観測されたことはありません」

しかし、その原因もやがて明らかになった。進行方向に一つの不思議な〝太陽〟が見える。この太陽に近づくほど電場は強くなる。やがて、この太陽の周辺の異常な光景が、宇宙船から観測できるようになった。

遠くからは、太陽を中心に大きな渦があるように見えたが、近づくにつれ、その渦は小さな岩石や小惑星からできていることが判明した。それらの小天体が、中央の太陽へ向けて渦をなしながら吸い込まれていくのだ。太陽のごく近くでは、稲妻に似た閃光《せんこう》が小天体と太陽の間に飛びか

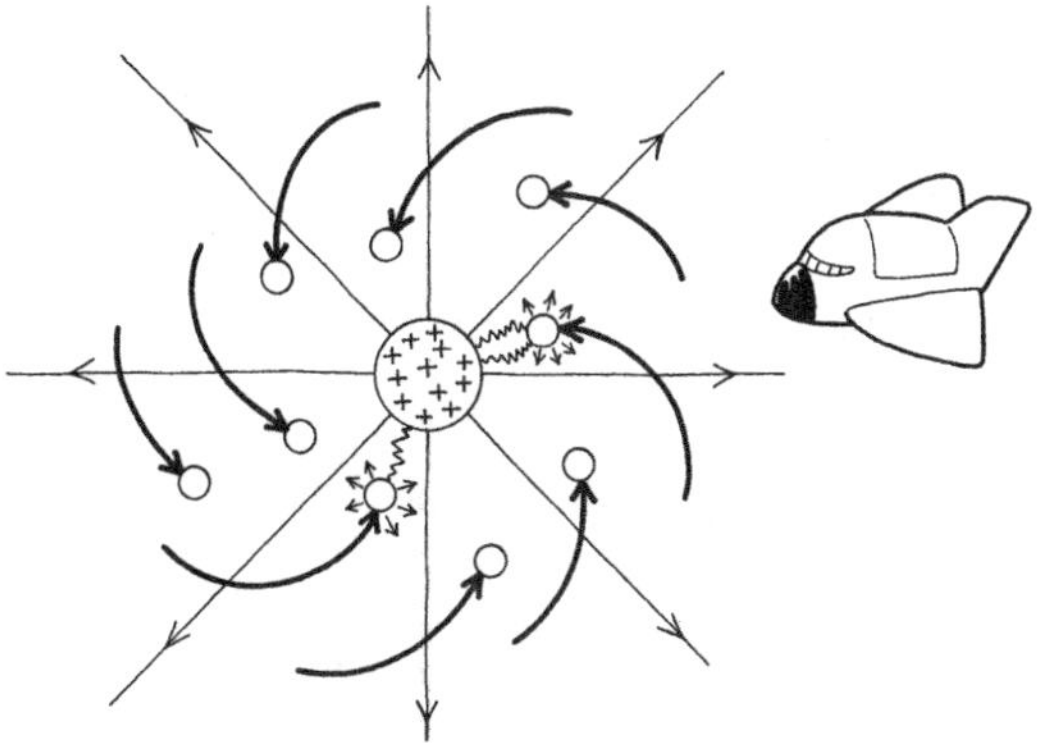

図2.1　電気の〝太陽〟

っている。閃光を受けた小天体は粉々になって飛び散っていく。

船長「信じられない光景だ。だが太陽の正体はわかった。あれは、強力な電気を帯びた太陽だ」

乗組員「確かに、観測によれば強力な正電気を帯びていることがわかります。しかし船長、まわりの小天体はなぜ吸い込まれていくのですか」

船長「これらの小天体は、この太陽によって集められてきたただの浮遊物体だ。もともと電気は帯びていない。しかし引きつけられるのだ」

乗組員「なぜですか。わかりません」

船長「きみ、これは静電誘導という現象だ。電場のなかに置かれた物質の分子が正負に分極して引かれていくのだ。そうだ！　これ以上この太陽に接近してはいかん。すぐ進路を変更せよ」

しかし、時すでに遅し。

乗組員「だめです、船長。エンジンを全開しても、本船は太陽に引き寄せられていきます」
船長「うーむ。静電誘導が本船にも起きているのだ。本船は金属でできているから、電場のなかに置かれると電子が移動して強く引かれるのだ」
宇宙船は、ますます太陽に近づいていく。
乗組員「船長、このまま逃げられないんでしょうか」
船長「うむ、太陽に激突するしかない。しかし、その前に強力な稲妻で破壊されてしまうだろう」
乗組員「船長、なんとかして下さい」
船長「うーむ」
しばらく考えていた船長は、次のような指示を出した。
船長「前方に小惑星が見える。あの陰へ向けて進め！」
宇宙船は近くの小惑星の、太陽の反対側へと進み、その陰にかくれた。ところが、宇宙船は今度はその小惑星に引き込まれはじめた。
乗組員「船長、だめです。本船は小惑星に強い力で引かれています。このままでは激突します」
船長「しまった。小惑星の裏側には、太陽と同じ正電気がたまっているんだった」

しかし時すでに遅し、宇宙船は小惑星に衝突直前であった。

とそのとき、小惑星と宇宙船の間に稲妻が走った。激しい衝撃が宇宙船を貫いた。その直後、宇宙船は小惑星から反発力を受けて、これまでと反対向きに進みはじめた。

船長「うーむ。けがの功名だな。乗組員全員に告ぐ。これから本船はこの場所から脱出する。エンジン全開。そのまま太陽と反対方向へ進め」

こうして危機一髪。宇宙船ヘレナ号は、かろうじてこの電気の太陽の引力圏から脱出することに成功した。

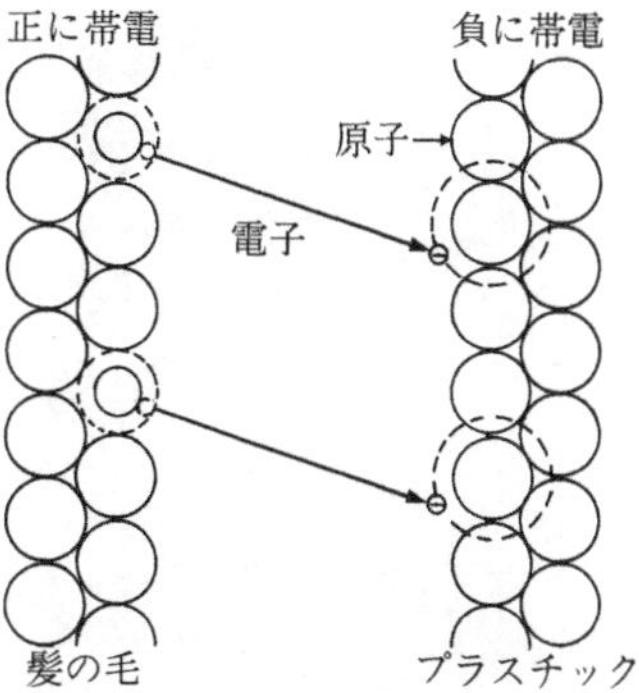

図２.２　摩擦による電子の移動

エレクトロンと磁石

古くから知られていた電磁気の現象に、磁鉄鉱やコハクが物を引きつける作用がある。これらの現象については、古代ギリシア、ペルシア、中国などに記録が残されているが、それぞれ磁鉄鉱やコハクに特有の性質とみなされ、科学的な探究はなかなか進まなかった。

この分野で画期的な功績をあげたのは、イギリスのギルバートである。彼は一六〇〇年、有名な著作『磁石論』を著わした。彼の貢献の一つは、電気現象と磁気現象をはっきりと区別したことである。彼はコハクのほか、ガラス・イオウ・宝石・ろうなどを摩擦したときに生じる力が、磁鉄鉱の磁気力とはまったく別なことを確認し、電気的（エレクトリック）な力と命名した。エレクトリックという言葉は、ギリシアでコハクが「エレクトロン」と呼ばれていたことにちなんだものである。

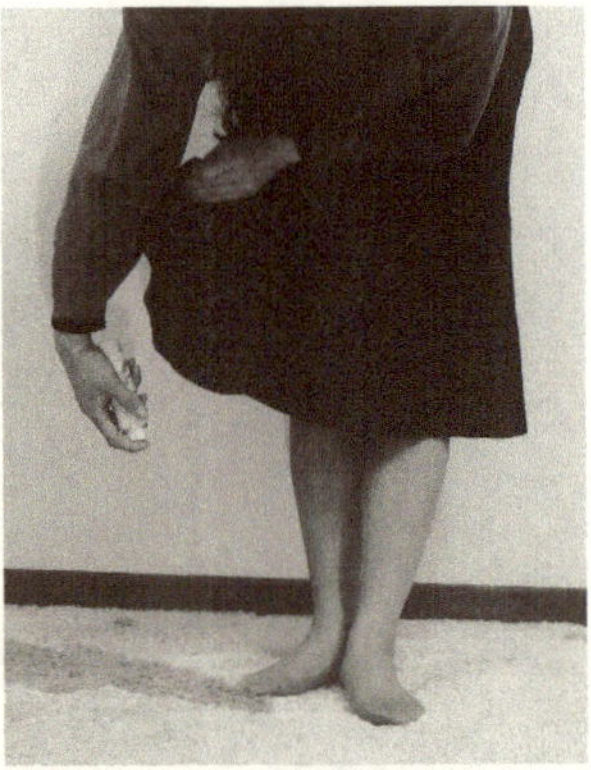
図2.3　静電気防止スプレー

摩擦電気の正体については、今日では次のように考えられている。前にふれたように、すべての物質は原子からできており、原子の中心にある原子核は正の電荷、原子核をまわっている電子は負の電荷を持っている（今日では、この電子がエレクトロンと呼ばれている）。物質中の正と負の電荷の総量はふだんは同じで、物質は電気的に中性である。

ところが、摩擦によって異なる物質の間に電子の移動が起きる。たとえば髪の毛をプラスチックの下じきでこすると、髪の毛から下じきに電子が移って下じきの電子が過剰になり、下じきは負の電気を帯びる（負に帯電）。一方、ガラスのコップを絹の布でこすると、ガラスから絹へ電子が移ってガラスは電子が不足の状態になり、正の電気を帯びる（正に帯電）。

この摩擦電気のために、乾燥した冬の日にスカートなどが身体にまとわりついたり、パチパチと火花が飛んだりする。この不快感を防ぐため、静電気防止スプレーが使われるが、これは湿気を集めやすい物質（親水性の物質）をスプレーして、たまった電荷を空気中に逃がしてやるものである。

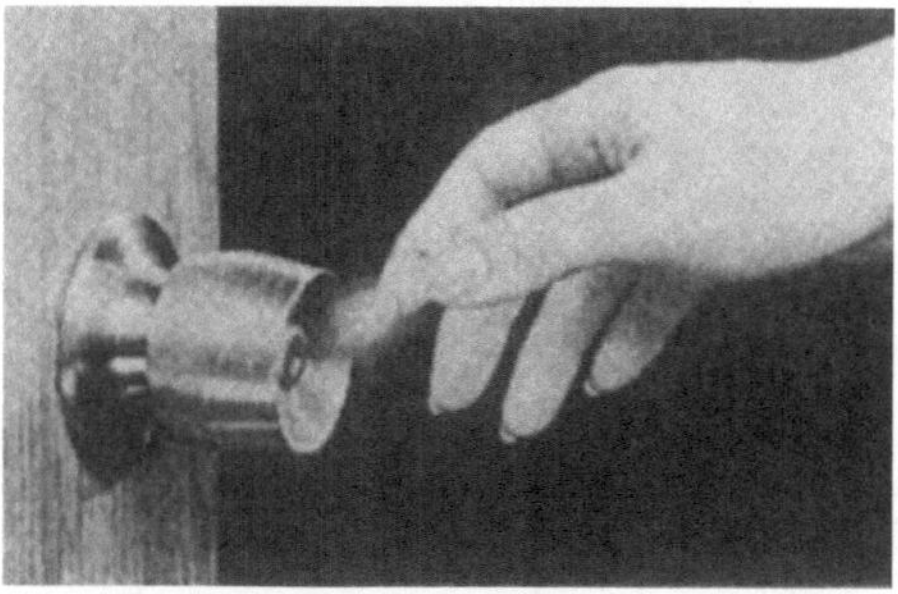

図2.4　取っ手をつかむときの「ビリッ」は静電気（東レ提供）

摩擦電気のように、下じきやガラスのコップにたまったたま動かない状態の電気を静電気という。これは回路を流れる電流のように動く電気と区別するための言葉であるが、この二つの電気に本質的な違いはない。どちらも、電子と原子核の電荷によるものである。

静電気も大いに役立つ

ドアーの取っ手をつかむとき「ビリッ」とくる静電気は、たいへんいやなものである。電気が大いに利用されているのに嫌われる原因は、たぶんこの「ビリッ」にあるに違いない。

この放電の原因は、正電気と負電気が引きあうところにあ

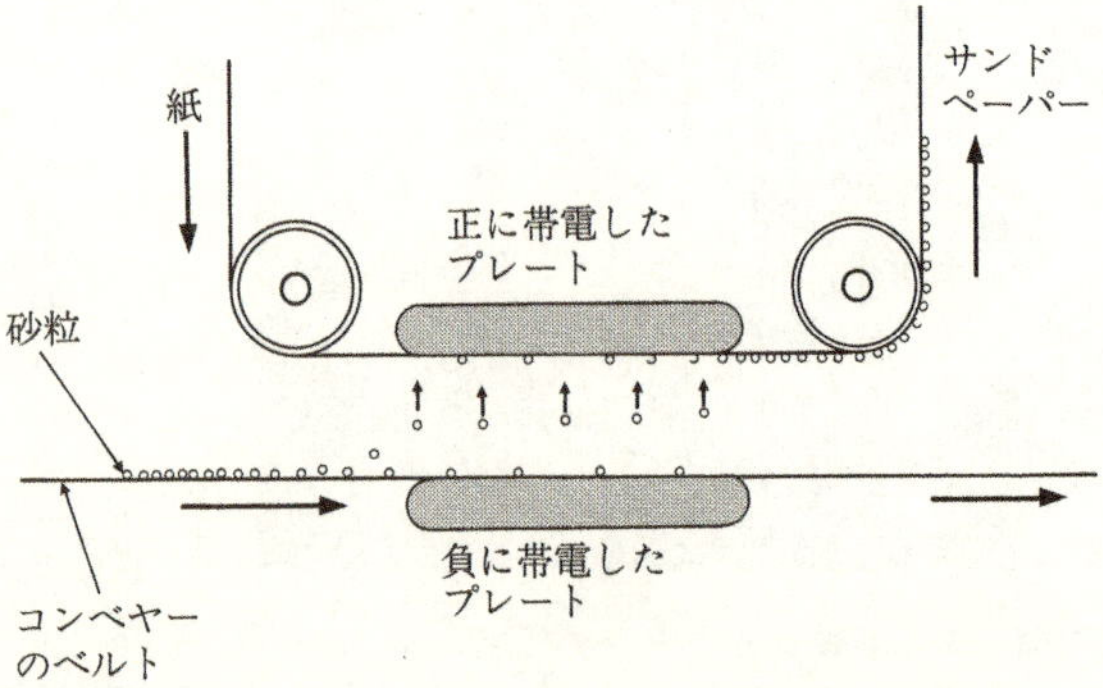

図2.5　サンドペーパーを作るときにも静電気が使われる

る。電気は、同じ符号の電気同士は反発しあい、異なる符号の電気は引きあう。この力を電気力という。

静電気はいたずらばかりしていると思われがちであるが、いろいろなところで役立っている。たとえば工場では、サンドペーパー（紙ヤスリ）の製作や自動車などの塗装に使われる。サンドペーパーは、図2・5のようにして作る。まず紙にのりをつけて正に帯電させておき、砂粒を負に帯電させておく。砂粒は電気力によって紙に付着するが、その際、砂粒同士は反発しあうので紙の上に一様に広がり、まだらにならない。静電気を使った塗装も同様で、霧状にした塗料を帯電させて、自動車などの表面に付着させる。なかなかみごとな応用である。

自動車などの塗装と書いたが、静電気の応用はこれだけにとどまらず、きわめて広い。静電塗装は、家電製品、鉄道車両、船舶、家庭内雑貨などあらゆるところに使われている。空気清浄機から連想できるように、電気集塵装置は自動車の排ガス、工場などの排煙から有害物を取り去るのに利用されている。なお、石炭火力発電での粉塵を、静電気で吸着することも考えられるが、温室効果ガスは減らせず、西欧を中心に、石炭火力発電からの撤退が続いており、石炭火力発電を続ける日本への批判も高まっている。

そのほか、きりがないので原理は省くが、静電複写という技術によって、コピー機、プリンタ、ＦＡＸなどで静電気が利用されている。静電気は情報通信技術を支える主役の一つと言ってもよいほどである。

電気力はどう働くか？

「正電気同士、負電気同士は反発しあい、正負の電気は引きあう」という言い方は、日常ほとんど無意識に使われる。電気力についてのこの一見あたりまえの言い方のなかに、実は電磁気学の最大のテーマがふくまれている。

力というものは、物と物とが押しあったり引きあったりするときに働くものである。この場合、ふつう押す物と押される物、引く物と引かれる物は、互いに接触している。このような力を接触力という。接触力は、物を押したり引いたりするとき、私たちが筋肉で感じるものなのでわかりやすい。

一方、太陽と地球の間に働いている万有引力はこれとは違い、遠く離れた物の間に働く力である。このような力を非接触力というが、電磁気学で問題となる電気力も磁気力も、万有引力と同じ非接触力である。だが離れた物の間になぜ力が働くのだろうか。なぜという言い方はあいまいなので、もう少し具体的に言えば、非接触力はどのようなメカニズムで働くのであろうか。この電気力と磁気力の働き方の問題が、電磁気学の根本問題であり、長期にわたる論争の中心テーマであった。

二、空間をとびこえる力

電気の素《もと》と電気流体

これは重要な問題なので、少し歴史をふり返ってみることにしよう。

ギルバートが一六〇〇年に電気力と磁気力を区別したことにはすでにふれたが、彼は電気力の原因を次のように考えた。物体を摩擦すると、物体に含まれている電気素（エフルビウム）が物体から発散し、それが物体のまわりをとりまくことによって、ほかの物体を引きつける。

また、もう少しあとの一八世紀なかごろには、フランスのノレという人が、電気流体というものを考えて、電気的な引力と反発力を説明した。

ノレ氏にインタビューを試みてみよう。

——ノレさん、あなたは電気現象の新しい理論を作られたそうですが、どんな理論でしょうか。

「私は、すべての物体には電気流体というものが含まれていると考えます」

——それで、物体を摩擦するとどんなことが起きるのですか。

「物体を摩擦すると、この電気流体の一部が逃げ出し、流出する流れを作ります。この流れによって、ほかの物体が反発されるわけです」

——それで、引力の方はどう説明するんですか。

「うむ。物体から流出する電気流体の損失は、外から物体に流入する流体で補われます。この流入する流れにとらえられた物体が、引きつけられるわけです」


ギルバートやノレの考えは、現在の私たちにはたいへん素朴に見えるかも知れない。しかし、このような考え方の痕跡《こんせき》は、私たちのなかにも根強く残っていることが多い。この考え方では、離れた物の間に働く非接触力の説明に、電気素とか電気流体という目に見えない物質が想定されていることに注目しよう。これが、非接触力について、ほとんどの人が最初に思いつく考え方である。

離れた物体間に直接働く力

素朴な電気素（流体）の放出理論に反論を加えたのは、フランクリン（アメリカ）である。次に、フランクリン氏とのインタビューを試みよう。

――フランクリンさん、あなたはギルバート氏やノレ氏の理論は誤りだと主張されていますが、その根拠はなんですか。

「私は、電気素が物体のまわりに放出されているかどうか調べるため、電気を帯びた物体に強い風をあててみました。このようにしても、電気力は失われませんでした。もしも、電気を帯びた物体のまわりに電気素が放出されているなら、風で飛んでしまうはずです」

図2.6　ベンジャミン・フランクリン（1706～1790年）

――なるほど、おみごとです。ほかに証拠はありますか。

「確認のため、もう一つ実験を行いました。電気を帯びた二つの物体の間にガラスを入れても、電気力はガラスを通過して作用します。電気素が、ガラスのような固体を通り抜けるとは考えられないと思います」

――では、あなたの考えでは、電気力はなぜ働くのですか。

「電気力はたぶん、帯電した物体が離れていても直接働きあうのです。電気素が空間に放出されるようなことはないと思います」

電気力をはかるクーロンの法則

こうして、電気素の放出説が否定されるとともに、第二の、これとは対照的な説が登場してくる。それは、電気力は途中の空間になんらの伝達物質がなくても、空間をとびこえて離れた物体に作用するという考え方である。これを遠隔力の考えと呼ぶ。

この遠隔力の考えを強力に支援する実験を行ったのが、クーロン（フランス）である。彼は、二つの帯電した小球の間に働く電気力の大きさを精密に測定して、次の法則を発見した（一七八五年）。

一、電気力は二つの小球の電気量の積に比例する。

二、電気力は二つの小球が離れているほど小さくて、二つの小球の距離の二乗に反比例する。

これが有名なクーロンの法則である。二つの帯電した小球の間の距離をr〔メートル〕、二つの球の電気量をQ_1、Q_2〔クーロン〕とすると、電気力F〔ニュートン〕は、

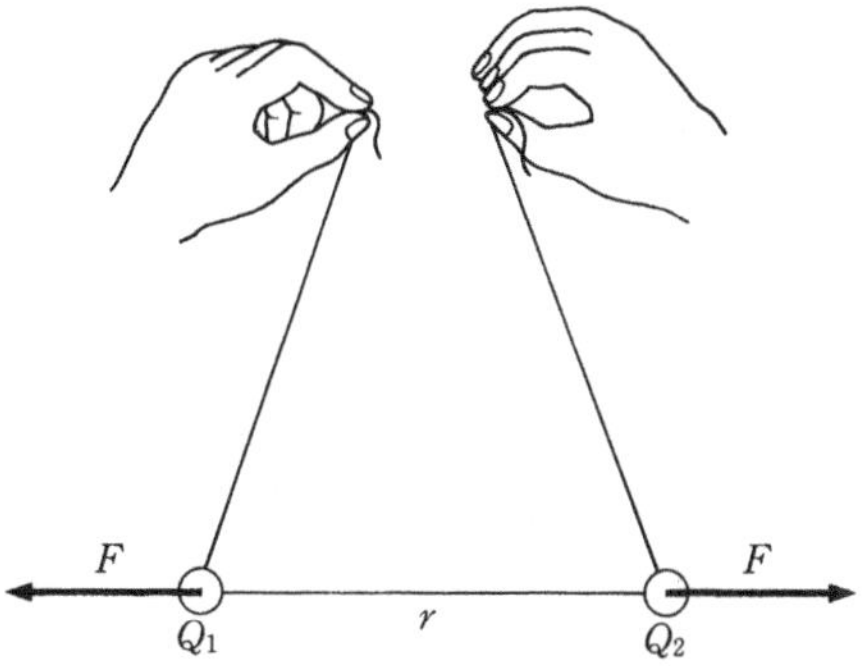

図2.7　クーロンの法則。電気力は小球の電気量の積に比例し，距離の２乗に反比例する

$$F=\frac{1}{4\pi\varepsilon_0}\frac{Q_1Q_2}{r^2}$$

と書ける。力の単位ニュートンNは、物理学でよく使われるが、約一〇〇グラムの物体に働く重力が一ニュートンである。なお、比例定数が$1/4\pi\varepsilon_0$となっているのは、ほかのさまざまな公式をわかりやすく表わすためであまり気にしなくてよい。なお、ε_0は真空の誘電率と呼ばれている。

クーロンの法則が、電気力が遠隔力であることの証拠と考えられたのは、この法則がニュートンの万有引力の法則と同じ形をしているからである。万有引力の法則とは、質量がm_1、m_2の二つの物体の間には、質量の積に比例し、物体間の距離の二乗に反比例する引力が働くというもので、式で書くと、

$$F=G\frac{m_1m_2}{r^2}$$

となる。比例定数Gは万有引力定数と呼ばれる。当時ニュートン力学は、唯一の確立された科学理論であり、そのほかの分野の理論のお手本と考えられていた。このニュートン力学の基礎にある万有引力の法則が、遠隔力の立場を採用しており、電気力が同じ形の法則に従うことがわかったのだから、多くの科学者が、電気力も遠隔力だと考えたのは自然なことといえよう。

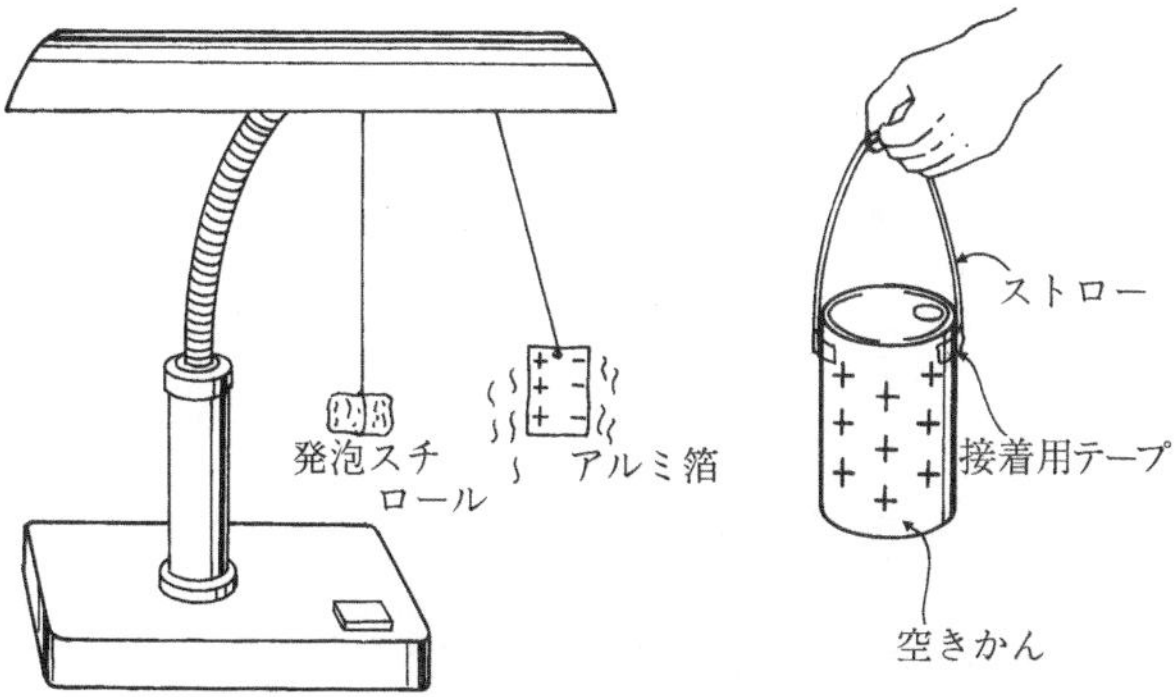

図2．8　簡単にできる静電誘導の実験

身近にある静電誘導

クーロンの法則を厳密に確かめるには精密な実験が必要であるが、電気力の働き方を見るだけなら、身近な材料で簡単な実験ができる。

図2・8のように糸の先にアルミ箔と発泡スチロールをつけ、これを蛍光灯のスタンドにでもつるす。接着はセロハンテープでよい。一方、静電気を起こすにはジュースなどの空きかんに、台所用の透明なラップを巻きつけてはがすとよい。ただし空きかんは導体なので、ストローでつるして手で直接ふれないようにする。

空きかんを糸の先のアルミ箔や発泡スチロールに近づける。するとアルミ箔は強く空きかんに引かれ、発泡スチロールは少しだけ引かれる。アルミ箔も発泡スチロールも、もともと電気を帯びていないのに引かれるのである。次に、空きかんをアルミ箔に接触させる。すると、アルミ箔は強く反発され、それ以後、空きかんとアルミ箔の間には反発力が働くようになる。発泡スチロールは空きかんをしばらく接触させておくと、少し反発されるようになる。

最初に、電気を帯びていないアルミ箔や発泡スチロールが、空きかんに引かれたのはなぜか。ラップを巻きつけてはがした空きかんは正の電荷を持っており、この空きかんを近づけるとアルミ箔のなかの電子は引力を受けてアルミ箔のなかを移動し、空きかんに近い方が負、遠い方が正の電気を帯びる。この現象を静電誘導というが、クーロンの法則により、空きかんに近い負の電荷が空きかんに引かれる力の方が、遠い正電荷が空きかんに反発される力よりも強いので、アルミ箔は全体として空きかんに引かれることになる。

次に空きかんとアルミ箔を接触させると、空きかんの正の電荷の一部がもともと電気を帯びていなかったアルミ箔に移り、今度はアルミ箔も全体が正に帯電するので、正電荷同士の反発力で、アルミ箔がはじかれる。

一方、発泡スチロールは、絶縁体で、電子はその内部を自由に動くことができない（四二ページ図1・12上参照）。電子は分子・原子の内部しか動けないが、それでも、電子は空きかんの正電荷に引かれ原子核は反発されるので、原子・分子内に電荷の片寄りが生じる。これを分極と呼ぶが、この分極によってアルミ箔と同様、発泡スチロールも空きかんに引きつけられる。しかし、この場合の静電誘導は、導体のアルミ箔にくらべてずっと小さい。

なお、この章のはじめの「電気の〝太陽〟」の話は、静電誘導をフィクションにしたものである。

ただ、「電気の〝太陽〟」の説明とここでの説明の方法には、大きな違いがあることに気づかれた読者もおられよう。ここでは、クーロンの遠隔力の考え方で静電誘導を説明してきたが、「電気の〝太陽〟」では電場という言葉が使われていた。

一般に、私たちの電気力についての考え方は、遠隔力であることが多い。静電気現象や直流回路を対象にする限り、これでなんらさしつかえない。しかし、この立場をずっと取り続けると、電磁気現象の本質をつかむことができなくなる。よく考えてみると、なにもない空間をとびこえて働く力なるものは、どこかテレパシーなどと似ていて、不自然な感じがしないだろうか。

三、空間を媒介に伝わる力

近接力は空間を媒介にしている

大学出身の多くの高名な科学者たちが、遠隔力の考えで電磁気現象を解明しようとしていたのに対して、学歴のないファラデー（イギリス）が、まったく別の観点から電磁気の研究を進めたことは、たいへんおもしろい。

科学の理論は実験の積み重ねによって、直線的に発達するわけではない。人は白紙の心で自然を見ることはできず、必ずなんらかの先入観を持って自然を見る。電気力を遠隔力と見る立場もこの一つである。このような先入観のことを、科学史などではパラダイム（概念枠）と呼ぶが、多くの科学者たちが遠隔力のパラダイムにとらわれていたのに対し、ファラデーは新しい近接力というパラダイムを提唱した。近接力の立場とは、電荷が空間になんらかの変化を与え、その変化を媒介にして電気力が働くという考え方であり、これが〝場〟の立場である。

電磁気学の中心テーマ

電磁気学の中心テーマは、遠隔力と近接力の論争にほかならない。コンデンサーの極板の間においた荷電粒子（帯電した粒子）を例にとって、二つの考え方の違いをはっきりさせよう。

二つの金属板を向かいあわせたものをコンデンサーという。コンデンサーに電池をつなぐと、電池のマイナス極につないだ極板にはたくさんの電子がやってきて、極板は負に帯電する。一方、電池のプラス極につないだ極板からは、電子が電池のプラス極に逃げて行き、極板は電子が不足して正に帯電する。このとき、電子の移動は短時間で終わり、電荷はそのまま静止状態になる。

こうして図2・9のように電荷のたまったコンデンサーの極板の間に、小さな正の荷電粒子を

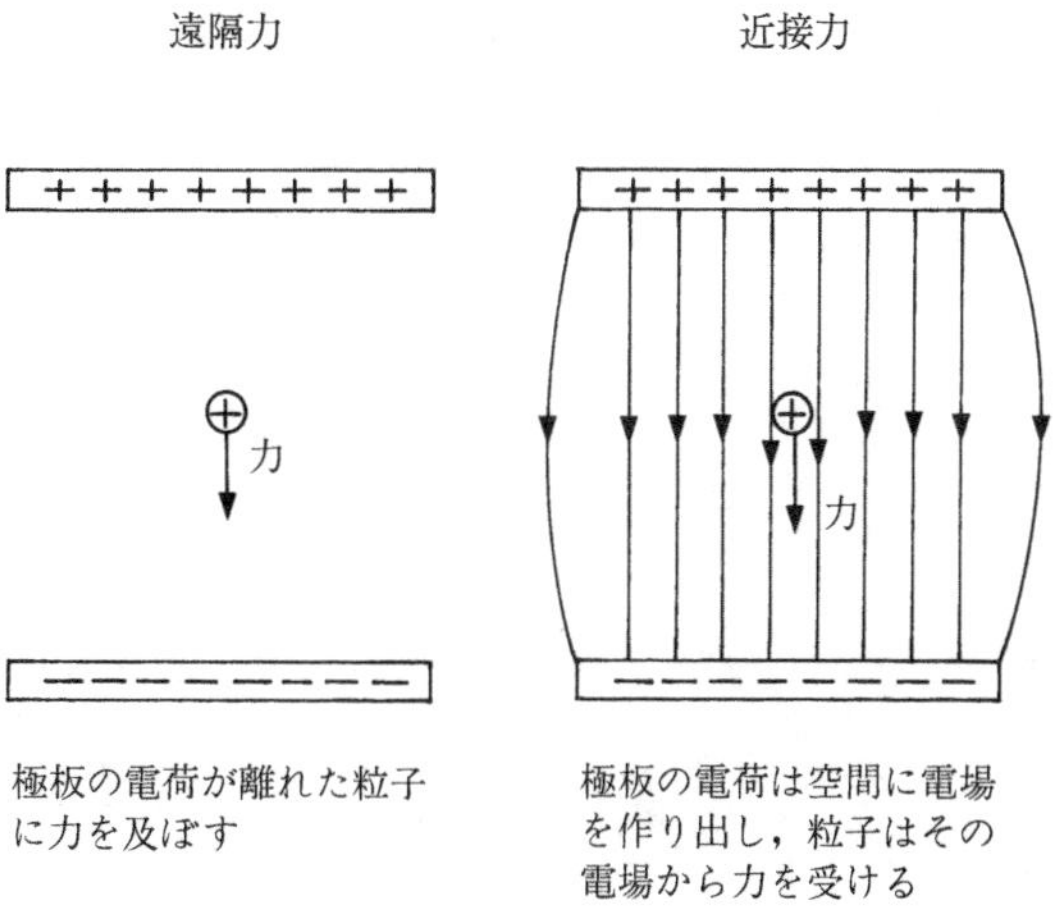

図2.9　遠隔力と近接力

置いてみよう。この粒子には下向きに力が働くが、その説明は二通りある。

一、遠隔力の立場……小さな正の荷電粒子は、上の極板の正電荷から反発され、下の極板の負電荷から引かれるので、下向きの力を受ける。

二、近接力の立場……上下の極板の電荷によって、その間の空間に変化が起こり、電場ができる。そこに置かれた小さな荷電粒子は、電場から力を受ける。

電場は目に見えないので、電気力線というもので表わされる。電気力線は、正の荷電粒子に働く力の向きに引く。

電場の決め方

次に、電場の正式な定義を説明しよう。ここは、ちょっと理屈っぽいが、大切なところなので少しがまんしていただきたい。電場の強さは次のように約束する。

空間のある場所に、仮にプラス一クーロンの荷電粒子を置いたとき、その粒子に働く力の大きさをその場所の電場の強さとする。

また、電場（電気力線）の向きは、この正の荷電粒子に働く力の向きと約束する。このように書くと、

「なんだ。電場といっても、要するに力のことではないか」

と思えなくもない。しかし、まず第一に注意すべきなのは、このプラス一クーロンという荷電粒子は、あくまで仮に（頭のなかで）持ってくるものであって、粒子がなくて働く力がないときでも、電場は存在していると考える点である。この一クーロンの荷電粒子の役割は、磁場を調べるのに使われる小さな磁針と同じである。

第二に、ここで二クーロンとか三クーロンではなく、一クーロンの電荷を帯びた粒子を特に持ってきたことにも注意する必要がある。これは、電荷一クーロンあたりに働く力で、電場の強さを定義するためである。

一般化して、電荷q〔クーロン〕を帯びた荷電粒子を持ってくると、力と電場の差ははっきりする。電場の強さはEという記号で表わされるが、強さEの電場のなかにq〔クーロン〕の電荷

を帯びた荷電粒子を置くと、働く力F〔ニュートン〕は、

$$F=qE$$

となる。この式を書き換えて、

$$E=\frac{F}{q}$$

とすると、電場＝電荷一クーロンあたりに働く力となり、電場の定義が再現される。

磁石が作る磁場にくらべて、電場は私たちになじみにくい。磁場は、子供のころから磁石のまわりの砂鉄などの鉄粉のようすを見ているので、なんとなくイメージがわく。さらに磁場の場合は、方位磁針という東西南北を調べる磁石があるので、磁場の向きがすぐにわかる。もしも磁針のように、一方にプラスの電荷、反対側にマイナスの電荷を持った電針というものがあれば、電場はもっと身近なものになるだろう。残念ながら、電場にはこのような電針はない。

私たちは、自分の想像力を働かせて、プラス一クーロンの荷電粒子を頭のなかで考え、それに働く力から電場のイメージを描けるようになる必要がある。

電場は湧き出し・吸い込み型

正に帯電した小球のまわりには、図２・10(a)のような電場ができる。この電場のようすはなに

(a)

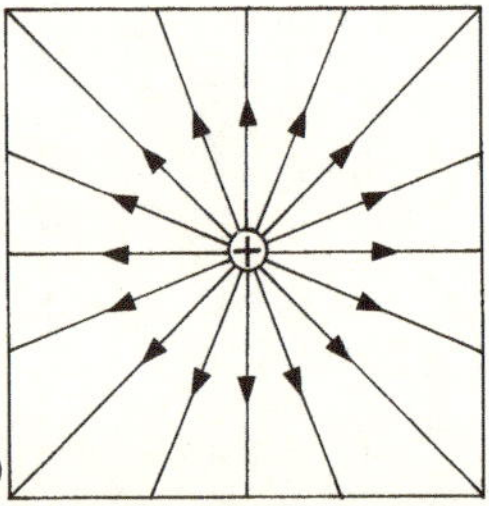

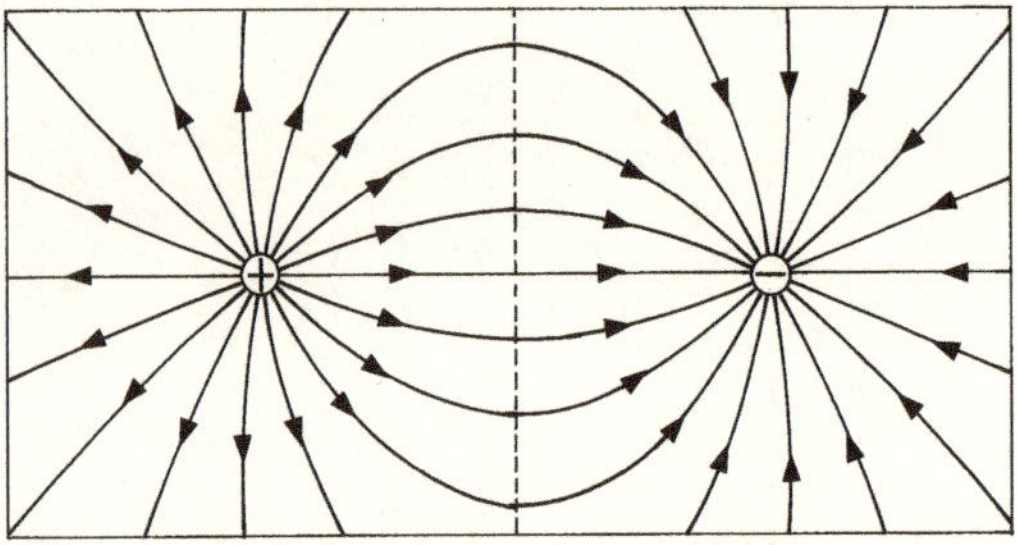

(b) 大きさが等しい正と負の荷電粒子

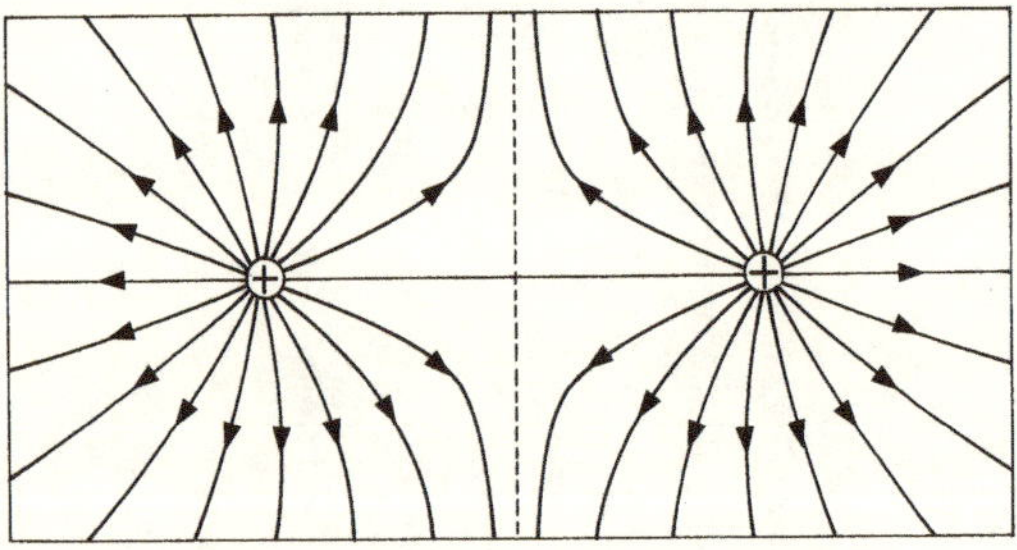

(c) 大きさが等しい2つの正の荷電粒子

図2.10　電場は湧き出し・吸い込み型

かに似ていないだろうか。水平な板の中心に小さな水の湧き出し口を作り、そこから水を湧き出させると、水は板の上を電場と同じように放射状に広がる。水の流れを表わす線を流線と呼ぶが、流線と電気力線はよく似ている。

正と負に帯電した二つの小球のまわりの電場のようすは図２・10(b)のようになる。これは、水平な板に湧き出し口と吸い込み口を作った場合にあたる。正に帯電した小球は湧き出し口、負に帯電した小球は吸い込み口に対応する。

また、水流の強い所では流線の本数が多いのと同様、電場の強い所（小球のまわり）では電気力線の本数が多いことも自然にわかる。

図２・10(c)は二つの正の荷電粒子が作る電場である。この場合、どちらの粒子も湧き出し口にあたる。

ただし似ているからといって、電場の場合には水流のようになにかが流れているわけではない。

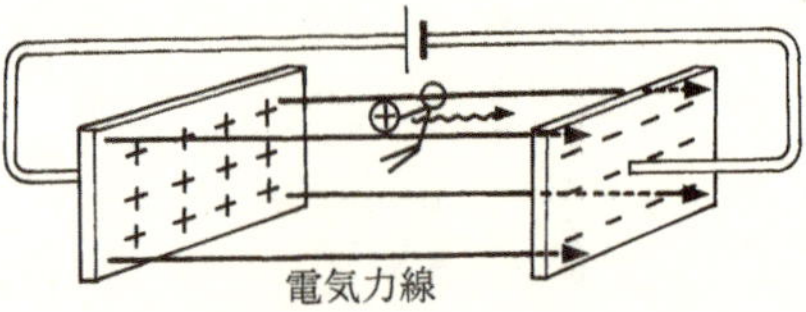

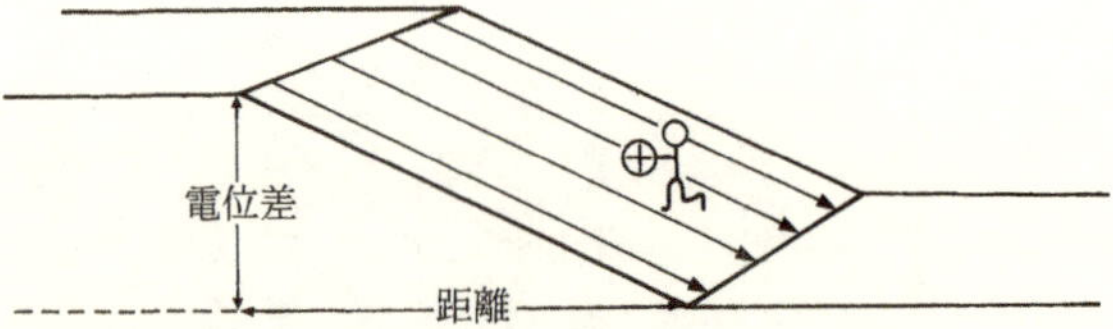

図2.11　コンデンサーの極板の間には電位の斜面がある

四、電気の地図の表わし方

電位差とは？

直流回路の場合、電流の流れている抵抗のところでは、その両端に電位差があり、プラス側からマイナス側へと電位の斜面が下っていく。では電流の流れていないコンデンサーの極板の間の空間は、どうなっているのだろう。コンデンサーの極板間にも、電位の斜面がある！　そのようすは抵抗の場合とまったく同じである。

しかし、電流が流れていないところに、なにかの斜面があるということは理解しにくい。そもそも電位差とか電位とはなんなのだろうか。第1章では電位差とは水位差に対応するものと考えたが、大切な問題なのでここでもう一度検討してみよう。

電位差とはより正確には、坂道の高低差、地図の標高差に対応するものである。坂の下から上へ物を持ち上げるには仕事が必要である。同じように、コンデンサーのマイナス極からプラス極へ正の荷電粒子を運ぶには、電場からの力に逆らって仕事をする必要がある。電位差とは、正確に表わすと、

電場からの力に逆らって、ある場所からほかの場所へプラス一クーロンの電荷を持った粒子を運ぶのに必要な仕事

と定義される。

コンデンサーの間の空間に電位の斜面があることは、次のように考えれば理解できる。コンデンサーのマイナス極からプラス極へ正の荷電粒子を運ぶ場合、電場から働く力に逆らい続ける必要があるので、極板の途中まで運ぶのにも仕事は必要である。したがって、電位差はプラス極のところで急に現われるのではなく、コンデンサーの間の空間をプラス極へと進むにつれて、次第に大きくなることがわかる。

電位とは?

ところで、電位差とともにときどき顔を出す電位とはなんなのだろうか。そもそも電位差とは電位の差のことなのだから、まず電位という言葉を説明すべきではないのか。確かにその通りな

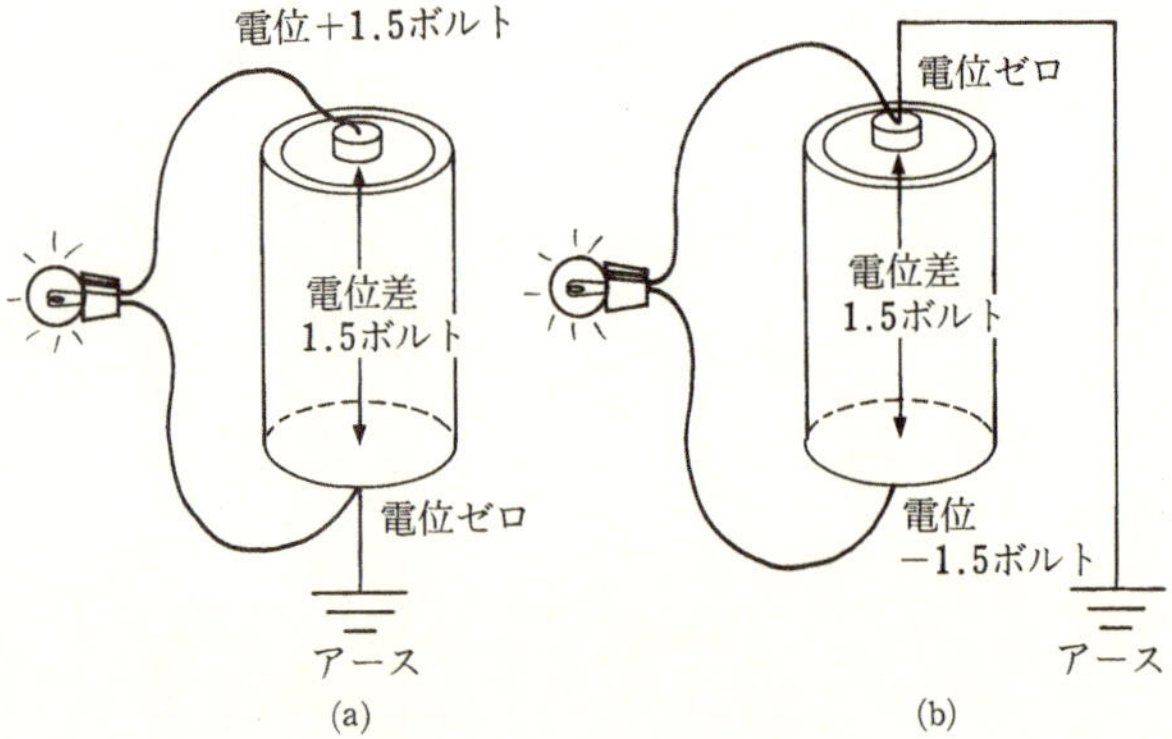

図2.12　電位と電位差

のだが、実際には電位という言葉はそれほど重要な役割をはたさない。大切なのはあくまで電位の差である。この事情は坂道にそって荷物を持ち上げる場合と同じである。このとき必要な仕事は、坂道の高低差だけに関係しており、坂が標高の低い所にあるか高い所にあるかには関係しない。

電位差が高低差に対応するのに対して、電位は標高に対応する。

電池に豆電球をつないだ回路を考え、その一ヵ所を図2・12のように地面につないでみる。プラス極側を地面につないだ場合と、マイナス極側をつないだ場合とで、なにか違いがあるだろうか。たとえば電球の明るさはどうか。見たところ明るさは変わらない。電圧計で両極間の電圧（電位差）を測っても、電流計で豆電球を流れる電流を測っても違いは見られない。

ところで電位はどうか。このように回路のどこかを地面につなぐことをアース（接地）という。アースするということは、回路のその点の電位をゼロと約束することを意味する。実用的にはこのように、地面の電位をゼロとして電位の基準とする。これは標高の基準を海面にとることに対応する。回路のほかの部分の電位は、アースした部分との電位差で示される。

すると、図の(a)では電池のマイナス極の電位はゼロ、プラス極の電位はそれより一・五ボルト高く、プラス一・五ボルトとなる。他方、図の(b)ではアースされているプラス極の電位がゼロで、マイナス極の電位はそれより一・五ボルト低く、マイナス一・五ボルトとなる。

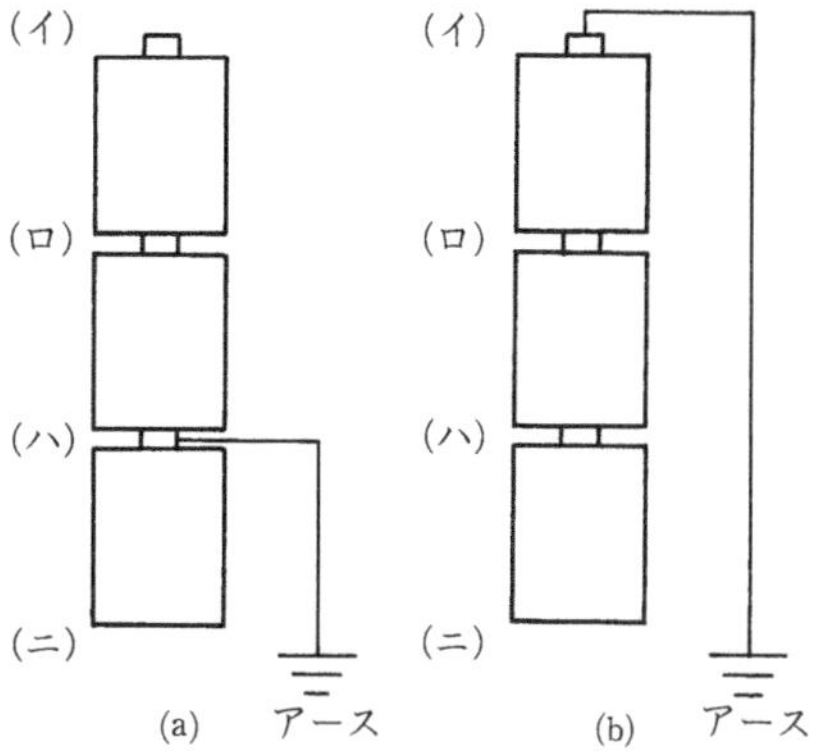

図２.13　各点の電位と(イ)と(ニ)の間の電位差は？

このように、アースのとり方によって回路の各部分の電位は異なるが、豆電球の両端の電位差は、

(a)のとき　1.5−0＝1.5ボルト

(b)のとき　0−（−1.5）＝1.5ボルト

となり、どちらも同じである。二つの回路の働きもまったく同じである。電位よりも電位差の方が実際には重要といったのは、このような事情を考えて

のことである。

最後にもう一つ、図2・13のように一・五ボルトの電池を三つつないだ問題を考えてみよう。(a)、(b)おのおのの(イ)(ロ)(ハ)(ニ)の電位はいくらか、また(イ)と(ニ)の間の電位差はいくらか。

(答え　(a)の電位は、(イ)三、(ロ)一・五、(ハ)ゼロ、(ニ)マイナス一・五、(b)の電位は、(イ)ゼロ、(ロ)マイナス一・五、(ハ)マイナス三、(ニ)マイナス四・五。電位差はどちらも四・五ボルト)。

これで電位と電位差の区別はおわかりいただけたと思う。

電場は電位の傾き

電位の等しい点をつらねてできる面を等電位面というが、これは地図の等高線にあたる。一方、電場の向きを示す電気力線は、斜面の最大傾斜線にあたる。最大傾斜線というのは、山の斜面を石が自然にころがるラインである。等高線と最大傾斜線が直交するのと同じように、等電位面と電気力線は常に直交する。

斜面に沿って物を持ち上げるとき、斜面の傾きが急なほど、強い力で押し上げなければならない。これはもちろん、急な斜面ほど、斜面に沿って下向きに働く力が強いからである。電気の場合も同様で、電位の斜面の傾きが急なほど、電場から働く力が強く、荷電粒子を持ち上げるのに大きな力が必要である。

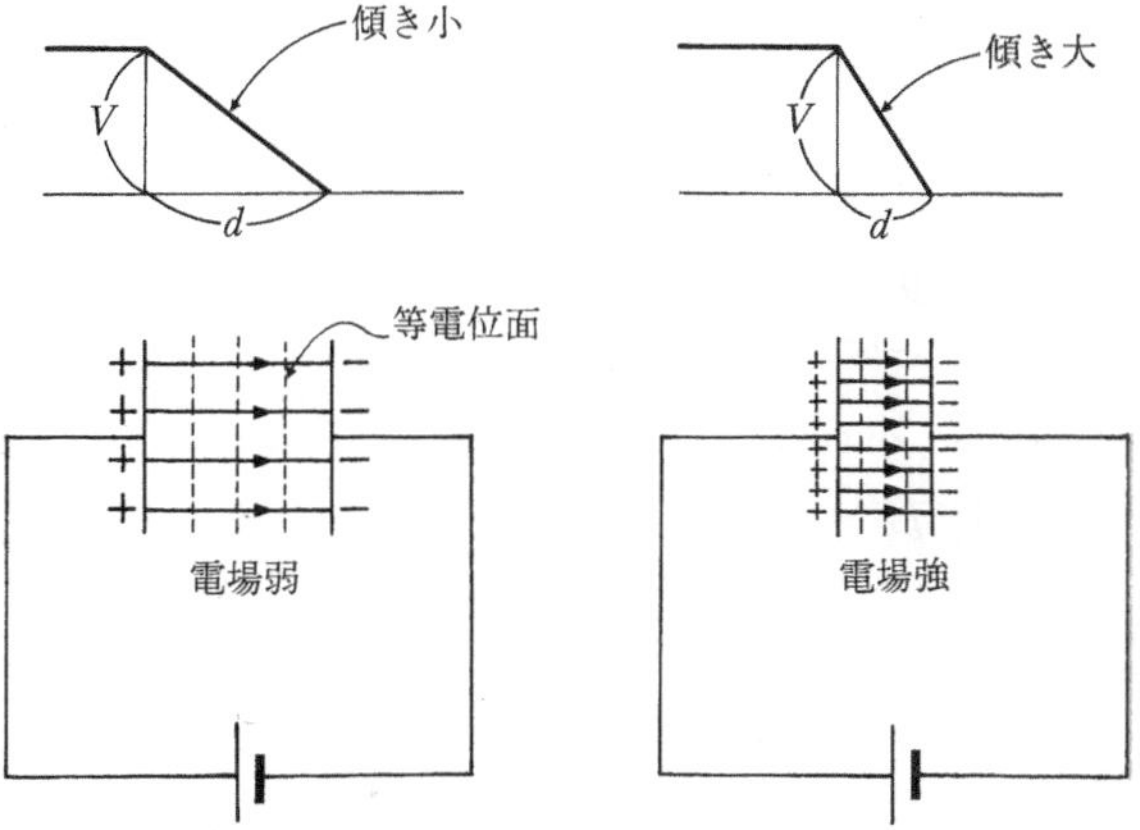

図2.14　電位の傾きが急なほど，電場は強い

したがって、電場の強弱は電位の傾きの大小で決まる。図2・14のようにコンデンサーの場合を例にとると、このことは次のように表わされる。

極板間の電場の強さ＝電位の傾き

$$=\frac{\text{極板間の電位差}}{\text{極板間の距離}}$$

これを図の記号で数式にすると、

$$E=\frac{V}{d}$$

となる。

つまり、電位の傾きが大きいところ（等電位面の間隔が狭いところ）ほど、電場が強い（電気力線が多い）。この関係は、たとえば、図2・14のように電池をつないだままコンデンサーの極板を近づけてみるとよくわかる。極板間の電位差Vは変わらず、距離dが短くなるので電位の傾きは大きくなり、電場は強くなるはずである。実際、極板を近づけるとより多くの電荷がコンデンサーの極板に集まり、電場は確かに強くなる。

最後に、マクスウェル（イギリス）の描いた美しい電場のようすをごらんいただきたい。図2・15は、コンデンサーの極板の端の付近の電気力線と等電位面のようすである。また図2・16は二つの正電荷を持った粒子のまわりの電場のようすである。この図では粒子AとBの電気量の比は四対一になっている。

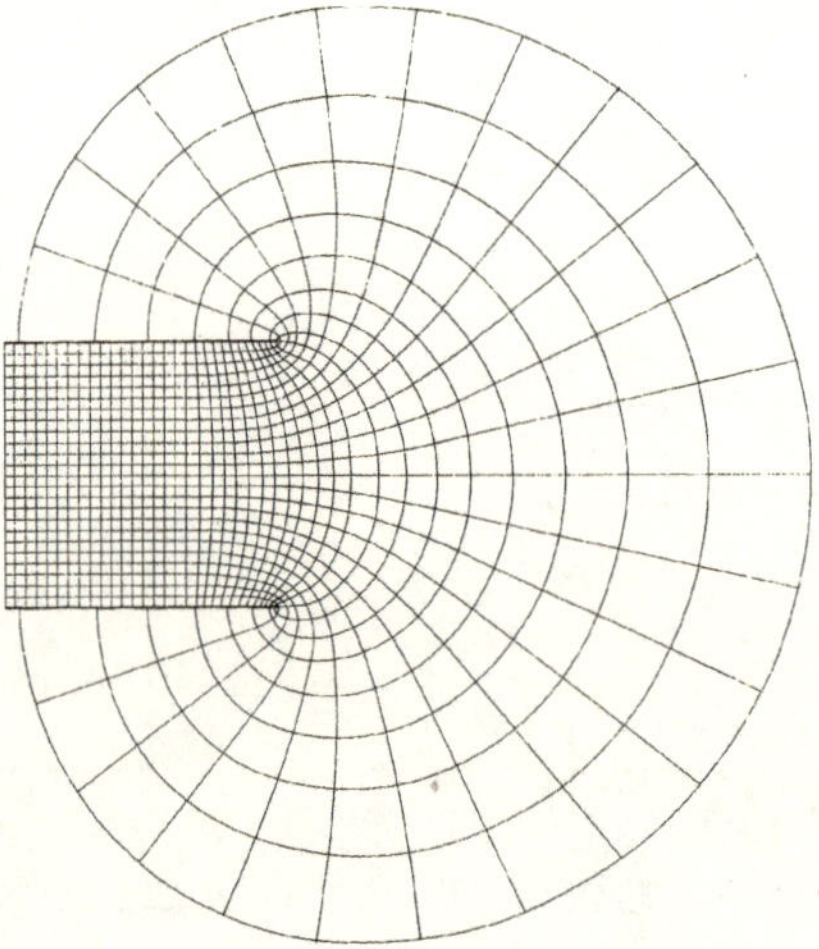

図2.15　コンデンサーの極板の端近くの電場（マクスウェル）

オームの法則をもう一度

回路を流れる自由電子のスピードはたいへん遅いのに、なぜスイッチを入れるとすぐに懐中電灯がつくのかという問題（四四ページ）は、電場を考えると理解しやすい。

電流の流れている抵抗のなかにも、コンデンサーの極板の間と同じように電位の傾き、すなわち電場が存在する。自由電子はこの電場から力を受けて、抵抗のなかを移動する（ただし電子の電荷はマイナスなので、その向きは電場と逆）。

回路を移動する自由電子と電場の関係は、渋滞した道路の自動車と信号に対応させるとわかりやすい。すべての信号が赤で自動車が延々とつながって停止しているとしよう。ここで信号がいっせいに青になると、すべての自動車がほぼ同時にノロノロと動き出す。

回路のスイッチをオフにしてあるときが、信号が赤の場合で、スイッチをオンにしたときが、信号がいっせいに青になったときに当たる。スイッチを入れるとほとんど瞬時に回路の導線のなかを電場が伝わり、抵抗のところには電位の斜面ができる。

電場から力を受ける（信号が青になる）と自由電子（自動車）はどんどん加速しそうであるが、抵抗のなかの陽イオンがじゃまをする（道路が渋滞している）ので、自由電子（自動車）は一定の速さでノロノロと進むことになる。

このとき、電位差が大きく電場が強いほど、そ

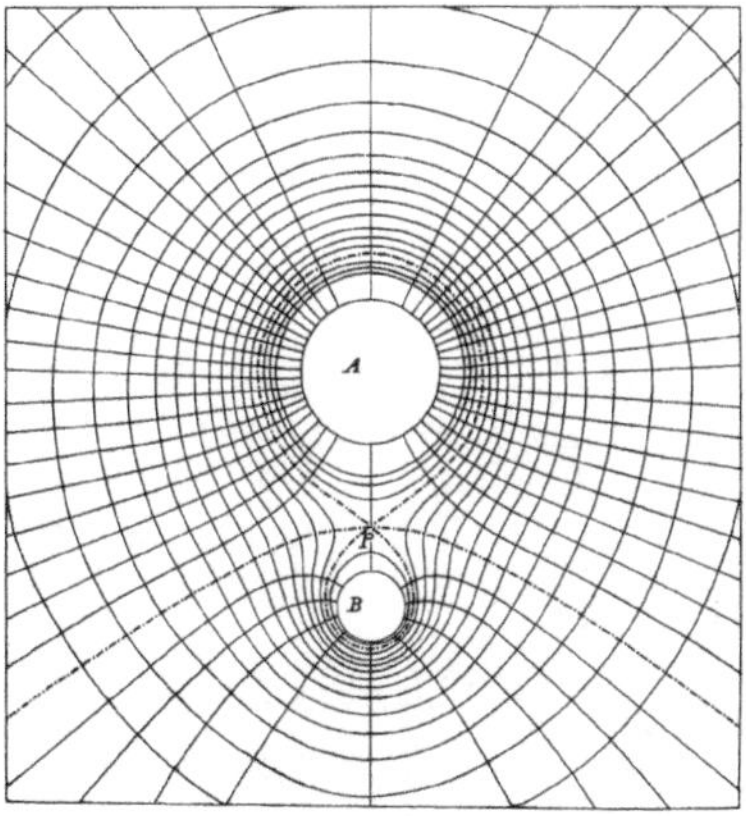

図2.16　正電荷を持った2つの粒子の作る電場（マクスウェル）

れに比例してたくさんの電流が流れるというのがオームの法則である。

このように、オームの法則の土台には、「荷電粒子が電場から力を受ける」という基本法則がある。つまりオームの法則は、応用範囲はたいへん広いが、電磁気学の体系のなかでは、独立した基本法則というわけではないことがわかる。

なおここで当然、「電場はほとんど瞬時に伝わるというが、その速さは?」という疑問がわいてくる。しかし、この疑問に今すぐ答えることは残念ながらできない。

五、場の立証はむずかしい

空間にはエーテルが存在する?

電磁気の世界では、電場と磁場が主人公である。場というものは空間の性質であり、真空空間にもむろん存在する。しかし、真空空間にはなにも存在しないと考えるのが普通であるから、これはかなり理解しにくい。電磁場の考えをはじめて科学に導入したファラデーやマクスウェルも、なにもない空間に場が存在するとは考えられなかった。

光の正体をめぐる問題でも、私たちは同じ疑問にぶつかる。光の波が真空中を伝わるとき、なにか媒質となるものがあるはずである。そこで、場の立場に立つ科学者たちは、空間にエーテルという未知の物質があると考えた（このエーテルはもちろん、麻酔作用のあるエーテルとはまったく別のものである）。エーテルがどのようなものかということについて、当時の科学者たちの描いたイメージはいろいろである。たとえば、エーテルは非常に希薄で目にも見えないし、通常の方法では観測することのできない微粒子の流体と考えられた。

読者のみなさんは当面、このようなエーテルを空間に想定されてもけっこうである。その可否は最後の章で明らかになるはずである。

場は本当にある?

現在の電磁気学は、電荷とともに電場・磁場を基礎にしており、近接力の立場に立っている。遠隔力の立場からは、電磁気現象のすべてを説明することはできない。しかし、それはなぜなのだろうか。遠隔力でも電荷間の力（クーロンの法則）や、コンデンサーの場合の電気力を正確に説明できる。二つの説はこれまでのところ、まったく同じ結果を導く。どちらでも同じではないかと思われる。

実際、なぜ近接力の立場が正しいかを、この段階で説明することは不可能である。この問題はこの本の中心テーマなので、その解決はあとの章にゆずらざるをえない。

ただここで、一つだけ問題解決の鍵を考えておこう。遠隔力の立場では、力が働くメカニズムがまったく考えられていない。したがって、力の作用に時間はかからず、力は瞬時に伝わる。一方、近接力の立場では電場の伝達に時間がかかる可能性がある。したがって、この二つの説から異なる結論が出てくる可能性があるのは、この章のような静電気の場合ではなく、電荷が動く、それも極めて速く動く場合である。

例をあげよう。図2・17のように、電荷を振動させたとき、離れたところにあるもう一つの電荷に働く力はどうなるのか。もしも電気力が遠隔力であるなら、右の電荷に働く力は、常に左の電荷の方に向いており、その向きは決して左の電荷の動きに遅れることはない。しかし、電気力が近接力であるならば、力の向きはほんの少し左の電荷の動きより遅れる可能性がある。

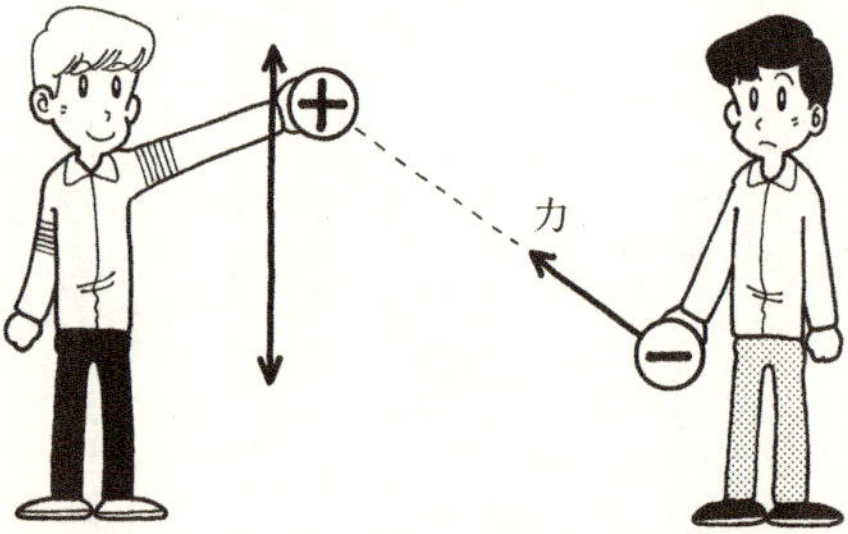

図2.17 近接力なら力の働きが遅れる

このような実験ができれば、どちらの説が正しいか決着がつくのであるが、実際にはむずかしい。とくにファラデー（一二二ページ参照）のころには、この種の実験を実際に行うことは不可能であった。電磁気学の完成者マクスウェルも、生きているうちに、場の存在が実験で証明されるのを見ることはできなかった。決着はもう少しあとに延ばされたのである。

電気の基本法則はわずか二つ

最後に、これまでの電気の基本法則をまとめておこう。磁気の世界と切りはなして、電気の世界だけで考える限り、電気の基本法則は次の二つにつきる。

一、荷電粒子はそのまわりの空間に、湧き出し・吸い込み型の電場を作る。

二、電場のなかにおかれた荷電粒子は、電場から力を受ける。

これだけである。

このように電気の世界がわずか二つの法則から理解できるということは、私たちにとって大きな驚きではないだろうか。

第3章

磁場を考える

一、磁石の正体を探る

磁性流体に磁石を近づける

磁石に引きつけられるのは、砂鉄やクギなどの固体だけのようにふつう考えられているが、必ずしもそうではない。一九六五年パペル（アメリカ）によって、磁性流体なるものが作られた。この流体に磁石を近づけると、大きなアメーバのように、くにゃくにゃと動く。磁石をさらに近づけると、流体は磁石に密着し、反対側ににょきにょきとつのを出す。強い磁石を近づけたときほど、細いつのがいっぱい出る。このつのはいったいなにかと思われるが、よく見るとその形から磁力線のようすを示していることがわかる。

この流体を、鉛直方向に流れる強い直線電流のまわりに置くと、するすると電流に沿って上に昇っていく。これは電流のまわりに磁場ができているためである。

また磁性流体のなかにガラスを沈めておき、下から磁石を近づけると、ガラスが流体の上にぽこっと浮いてしまう。まことにおもしろい流体である。

磁性流体は、酸化鉄などの小さな粒（直径が一〇〇万分の一～一〇〇分の一ミリメートル）を、油や水などの液体に混ぜたものである。油や水に溶けているわけではないので、厳密には液

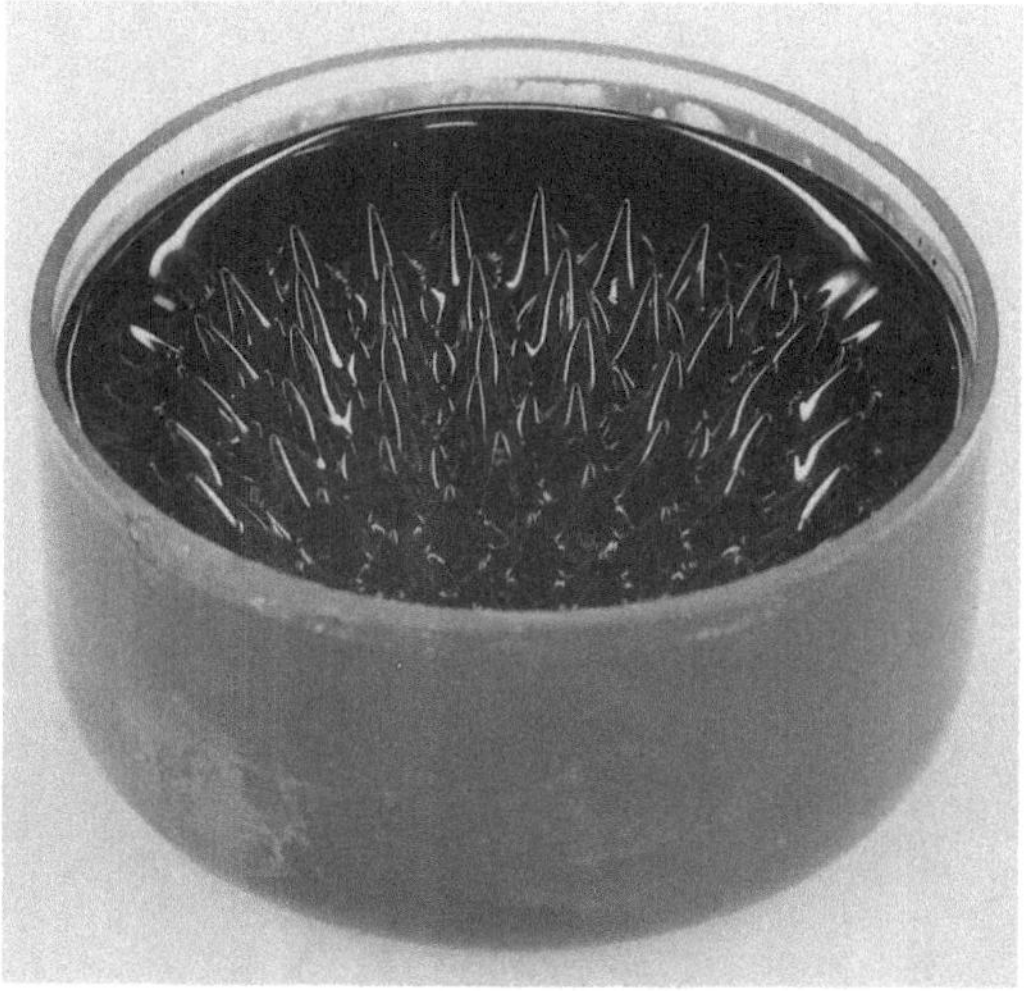

図３．１　磁性流体（中塚勝人氏提供）

体とはいえない。しかし粒子がたいへん小さいので、いつまでも分離しない。

磁性流体はアポロ宇宙船や宇宙服のシール材（すきまをふさぐもの）に使われた。すきまをぴったりふさぐので、コンピュータやクリーンルームなどの防塵《ぼうじん》用に利用できる。また、摩擦を小さくする潤滑油の役目もはたすので、回転軸のところにも利用できる。

磁性流体は厳密には液体とはいえないが、純粋な液体でも磁石に引きつけられるものはある。たとえば、液体酸素は磁石に引きつけられる。酸素の気体でふくらましたビニール袋を液体窒素のなかに入れると、液体酸素ができる。これに強い磁石を近づけると、液体酸素が引かれるのを実際に見ることができる。むろん酸素が気体の状態でも、少しは磁石に引かれるが、これは観測するのがむずかしい。

磁性体——磁石の影響の受けやすさ

自然界のすべての物質は、多かれ少なかれ磁石の影響を受ける。そのなかで、鉄、ニッケル、コバルトのように磁石に強く引かれる物質を強磁性体という。そのほかの物質は、ほんの少しであるが磁石に引かれたり、反発されたりする。酸素やアルミニウムなどは、磁石にほんの少し引かれる。これらを常磁性体という。またビスマスやガラスなどは、磁石に近づけると少し反発される。このような物質を反磁性体という。

常磁性体や反磁性体に働く力がふだん観測されないのは、その力が強磁性体が受ける力の一〇〇〇分の一から一〇〇万分の一という小さなものだからである。そこで、この二つをまとめて弱磁性体と呼ぶこともできる。

磁石の迷信

磁石の話をするにあたってギルバートの研究（一六〇〇年『磁石論』）にふれないわけにはいかない。詩人ドライデンは「磁石が引くことをやめるまで、ギルバートの名声は生きながらえるだろう」と、彼の業績をたたえている。

磁石が鉄を引きつけることは、古代ギリシアや古代中国の時代から知られていたが、磁石と鉄の間には、目に見えない摩訶《まか》不思議な力が働いていると考えられ、まことしやかな磁石の効能書が作りあげられていた。

ギルバートは、まずこれらの迷信を調べ上げ、それを批判する。彼の「磁石論」（朝日出版社『ギルバート』）からいくつか拾ってみよう。

——磁石はニンニクやダイヤモンドに弱く、その近くでは働きを失う。

——インド洋には磁石の豊富な岩礁があって、近づいた船の釘を抜きとってしまう。

——磁石を手に握ると、足の痛みや痙攣《けいれん》が治る。

——女性から災厄を払い、悪魔を遠ざける。

——夫婦を仲なおりさせたり、妻を夫のところに呼びもどす。

まだまだたくさんあるが、離れたところから働く磁気力の不思議さが、これらの迷信を作りあげている点が興味深い。

ギルバートのテレラとは？

ギルバートは、これらの誤った迷信は、先人の書物をなんの検証もなしにうのみにしたために、長いあいだ継承されて来ていると考えた。そこで彼は、実験・検証を自分の研究の中心にすえた。『磁石論』の序文の冒頭には次のように書かれている。

「隠れた事物を発見し、秘められた事物の原因を探究するにあたって、確からしい憶測や常識的に哲学する者たちの定式よりも、いっそう確かな実験と証明された論証からこそ、より堅固な議論が得られるものである」（前掲書）

ギルバートの最大の功績は、地球磁石の発見である。磁石を棒状にすると南北を指すことは、昔からよく知られており、これは航海用の羅針盤としてすでに利用されていた。しかし、なぜ磁石が南北を指すのかという問題は未解決で、たとえば次のように考えられていた。

「鉄は北極星から伝えられた力によって北方の星に向かう」

「大熊（座）の尾の下には磁石がある」（引用は前掲書）

つまり、ギルバート以前には、磁石を引きつける極は天にあると考えられていた。

この天の極の存在を否定し、地球が大きな磁石であることを立証するために、ギルバートはテレラという球形の磁石を用いた。彼はこのテレラを小さな地球とみなして、そのまわりのようすを小さな磁針で調べた。磁針の向きは図3・2(a)のようになる。右と左には磁極があり、磁極の付近では小磁針は図3・2(b)のように向く。

ギルバートにとってテレラは地球のモデルであったから、彼はテレラと同じような磁極が地球の北極と南極にあることを実証できたと考えた。

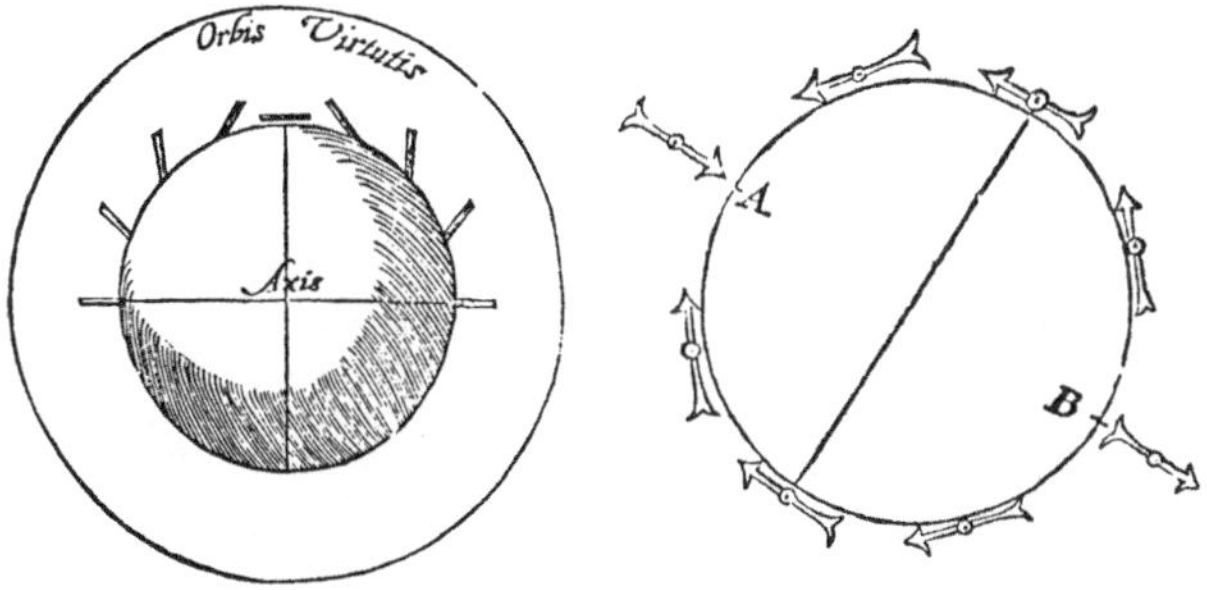

(a)　(b)

図3.2　ギルバートのテレラ。地球磁石には極がある

この地球磁石のおかげで、小さな磁針を持っていれば、私たちは簡単に方位を知ることができる。北に向く磁針の極をN極、南に向く磁極をS極と呼ぶ（むろんNはNorth、SはSouthの頭文字である）。なお、磁石はN極とS極が引きあうのだから、地球の北極にはS極があり、南極にはN極があることになる。

しかし地球の磁極は、長い歴史を通していつも北極と南極にあったのだろうか。

大陸移動の謎とき

ギルバートの発見した地球磁石は、航海や登山に役立つだけではない。一九一五年、ウェゲナー（ドイツ）が唱えた大陸移動説に、決定的な証拠を提供したのが、この地球磁石である。

南アメリカの東海岸とアフリカの西海岸の形がよく似ていることは、地図を見ると誰でも気がつく。このような大

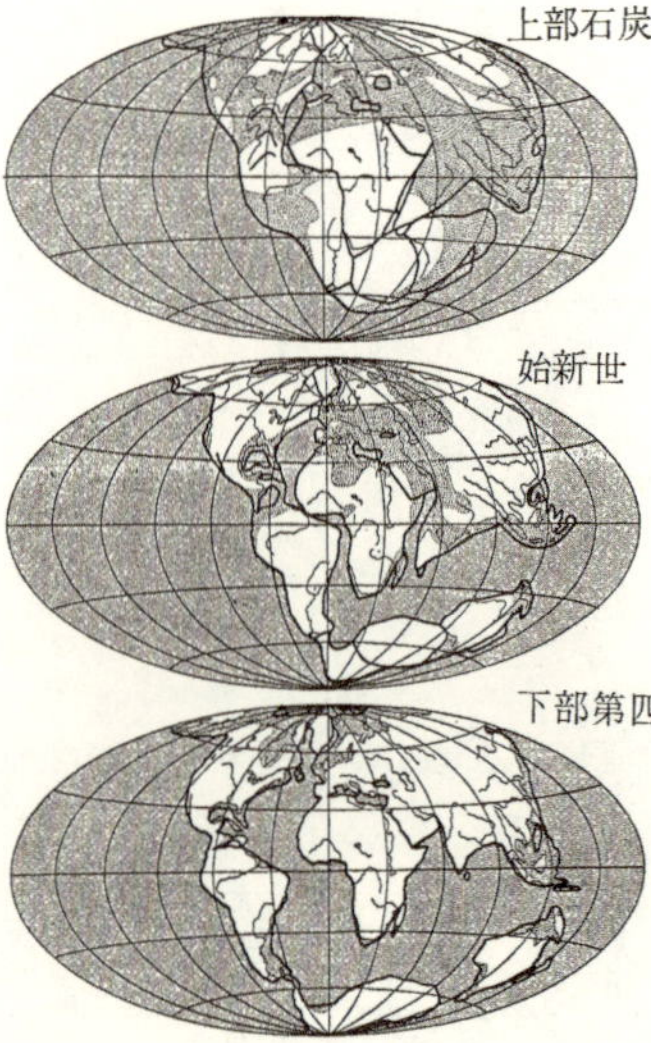

図3.3　大陸移動の謎ときには地球磁石が活躍

陸の形に着想を得たウェゲナーは、現在の五大陸は、昔はパンゲアという一つの大きな大陸であって、その各部分が分裂し、少しずつ移動して現在のようになったという、大陸移動説を唱えた。

しかしこの大胆な仮説は、大陸を動かすような大きな力の原因がわからないまま、学者たちから長いあいだ見放されていた。ところが、一九五〇年代後半からこの説は劇的な復活をとげる。その際に決定的な役割をはたしたのが、地球磁石である。

地球の磁極は今でこそ北極と南極の近くにあるが、ずっとそこにあったわけではない。長い年代を通じて、磁極は移動している。たとえば三億年くらい前には、日本列島の付近にあったと考えられている。

どうしてそのような磁極の移動がわかるのであろうか。その鍵は火山岩のなかにある。火山岩はもともと、溶岩が固まってできたものであるが、固まるとき、なかの鉄分が地球磁石によって小さな磁石になる。この小磁石は各時代の地球の磁極の方向を向くので、その向きを調べれば、各時代の地球の磁極の位置がわかる。そこでいろいろな年代の火山岩のなかの小磁石の向きが分析され、地球の磁極がどのように移動してきたかが調査された。この磁極の移動の軌跡は、当然どの大陸の火山岩で調べても同じになるはずである。

ところが意外なことに、こうして明らかになった地球磁極の移動の軌跡が、ヨーロッパ大陸の火山岩から推定されたものと、北アメリカ大陸から推定されたものとで少し異なることがわかった。二つの軌跡は似た曲線を描くが、少しだけずれているのである。この発見が、大陸移動説復活のきっかけとなった。

ずれの原因はなにか。磁極が二つに分裂していたとは考えられない。そこで、北アメリカ大陸を東の方へ移動して、ヨーロッパ大陸とくっつけてやると、この二つの軌跡はピッタリと重なったのである。この事実は、二つの大陸が昔はいっしょであったことを示す強力な証拠となる。こうして、忘れられていたウェゲナーの大陸移動説が、地球磁石の研究によって見事に復活させられたわけである。

なお、ウェゲナーのころにはわからなかった大陸を動かす力は、現在では大陸の下にある高温のマントル層の移動によることがわかっている。このマントル層のさらに奥では、地球は高温のため溶けており、その流動によって地球が大きな磁石になっていると考えられている。

磁気力は遠隔力？

話を本題にもどそう。磁石のN極とS極の間に働く引力、N極同士、S極同士に働く反発力は、どのようなメカニズムで働くのであろうか。離れた磁極の間に働く力というのは、誰にとっても不思議なものである。

この問題についてのギルバートの考えは、次のようなものであった。

「磁石は多くの実験において驚くべきものであり、生命あるものに似ている」（前掲書）

つまり彼は、磁石の間に働く力は、磁石のなかの生命あるいは霊魂のようなものによると考えた。これは一六〇〇年という時代の制約であろう。彼は実験・検証を重んじたと先に記したが、いかに実験を重んじようと、人間の考え方はその時代から自由ではない。

磁気力についての考え方も、一八世紀のクーロンになると、かなり洗練されてくる。クーロンは長い棒磁石を使って、磁極の間に働く力の大きさが距離の二乗に反比例することを確かめた。さらに彼は、磁石のN極、S極には電気の場合の電荷と同じように、磁荷というものが蓄えられていると仮定して、磁気力の大きさが二つの磁荷の積に比例することを確かめた。これが磁気に関するクーロンの法則で、磁気力は二つの磁荷の積に比例し、その距離の二乗に反比例すると表わされる。この法則は、すでにお気づきの通り、電気に関するクーロンの法則と同じ形であり、さらにニュートンの万有引力の法則とも同じ形をしている。

磁気力が万有引力と同じ形の法則に従うことから、電気力と同様に磁気力も遠隔力（途中の媒質なしで働く力）であるという考えが、科学者たちの間で支配的となる。確かに磁石が離れたところのクリップなどを引きつけるようすを見ていると、その間にはなにもないようにも見える。しかし私たちはまた、磁石の上に紙を置いて砂鉄などの鉄粉をまくと、鉄粉がきれいな模様を作ることを知っている。この模様はなにを示しているのだろうか。

磁石を切ってもまた磁石

その問題は少し置いておくとして、磁石については誰もが感じる不思議な性質がある。それは、磁石を二つに切るとそれぞれがまたN極とS極を持った磁石になり、N極だけ、S極だけの磁石は決してできないことである。電気の場合にはプラス（またはマイナス）の電荷だけを取り出すことができるのだから、これは磁気に特有の現象である。なぜ、単極の磁石はできないのだろうか。

磁石を切ったとき、その破片がまた磁石になる理由は、少し考えれば予想がつく。すなわち、

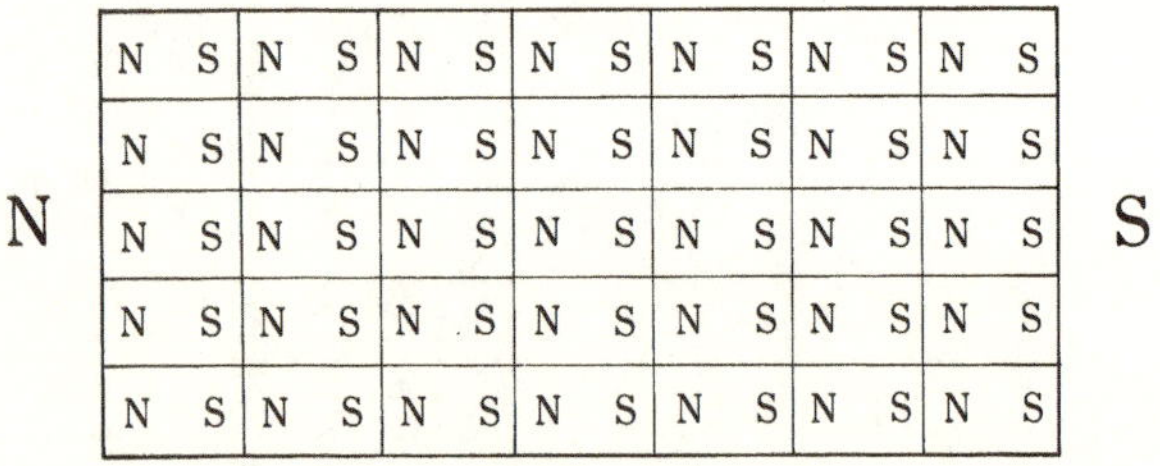

図3.4　磁石は小さな磁石の集まり

磁石は図3・4のような小磁石の集まりと考えられる。小磁石が極めて小さいものなら、いくら切っても単極の磁石はできそうもない。

しかし、大きな磁石を構成しているこの小磁石とはなんなのだろうか。これを二つに切断できれば、単極の磁石ができるのではないか。このような疑問はやはり残る。この問題の解決には、新たな法則の発見が必要であった。

二、電流が磁場のもと

超伝導磁石

電磁石が永久磁石と同じ働きをすることは、現在ではだれでも知っている。導線を何回も巻いてコイルにし、そこに電流を流すと電磁石ができる。コイルのなかに鉄などの強磁性体を入れると、磁石としての働きが強くなる。

電磁石はあらゆるところで利用されている。家のなかを見わたすと、スピーカー、イヤホーン、マイクなどのほか、モーターのある装置（冷蔵庫、洗濯機、掃除機、エアコン、扇風機など）にはすべて電磁石が使われている。過大な電流を使ったり、漏電《ろうでん》があったときに、すばやく電流を切るブレーカーも、電磁石の働きを利用している。

しかし、電磁石としてもっとも話題となるのは超伝導磁石であろう。強力な電磁石を作るには、コイルに大きな電流を流せばよいが、そのとき問題になるのは電流による発熱（ジュール熱）である。この発熱によるエネルギーの損失と、冷却装置の必要性が、強力な電磁石を作る妨げとなる。

この問題を一気に解決できる現象が、一九一一年、カメルリング-オネス（オランダ）によって発見された。水銀、アルミニウム、鉛などの金属を極低温に冷却していくと、ある温度で突然、電気抵抗がゼロになるのである。電気抵抗がゼロになれば発熱はなくなり、一度流れた電流は減少せずにいつまでも流れ続ける。

この超伝導磁石はすでに、リニアモーターカーの磁気浮上用や、素粒子の加速器用の磁石として利用されている。ただこれまでの問題は、超伝導が絶対零度に近い低温でしか実現できなかったことである。そのため、電磁石を冷やすのに、液体ヘリウム（絶対温度で四・三度以下）という高価な冷却剤を利用せざるをえなかった。

しかし比較的高い温度で超伝導を示す物質の開発は進んでおり、今後の研究が進展すれば、広い範囲での応用（低公害自動車、医療に使われているMRI、プラズマロケットなど）が可能となるかも知れない。

エールステッドの発見

このような電磁石の活躍の突破口を開いたのは、一八二〇年、エールステッド（デンマーク）による電流が作る磁場の発見である。この発見は、それまで別々の現象と考えられていた電気と磁気をはじめて結びつけた画期的なものである。また、この発見をきっかけにして、磁気の分野に磁場の考えが導き入れられる。

電気と磁気の間に、なんらかの関係があるのではないかという推測は、エールステッド以前からあった。しかし、誰もその関係をはっきりと見出すことはできなかった。それには理由がある。エールステッド自身もこの関係を見つけようとして、何回も実験を試みたがなかなか成功しなかった。

私たちが、直線状の電流と磁石の間に力が働くと予想して実験を試みる場合、どのように電流と磁石を配置するだろうか。ふつうまず、図3・5(a)のように電流の横に磁石を置いて、引力とか反発力が働くかどうか調べるであろう。力といえば私たちがまず考えるのは、引力か反発力である。しかし、このような配置では、磁石に働く力はきわめて検出しにくい。

自然は、私たちの予想をしばしば裏切ることがある。何回もの失敗ののち、あるときエールステッドは図3・5(b)のように電流を南北の方向に流し、その下に磁針を置いた。このときはじめて、はっきりした効果が現われた。電流が図のように南に向かっているとき、磁針のN極（北へ向く極）はくるっと東の方へ回転した。次に磁針を電流の上側に置くと（図3・5(c)）そのN極は西の方へと回転した。力は引力でも反発力でもなかったのである。では最初の配置（図3・5(a)）のとき、磁針はなぜ回転しなかったのだろう。電流を強くしてよく観察してみると、磁針の

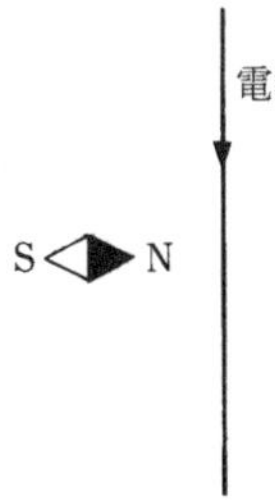

(a) この配置では磁針は動かない

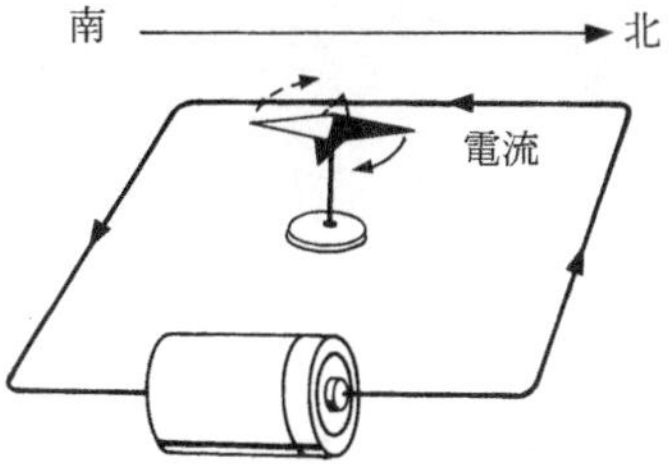

(b) 電流の下に磁針を置くと，磁針は回る

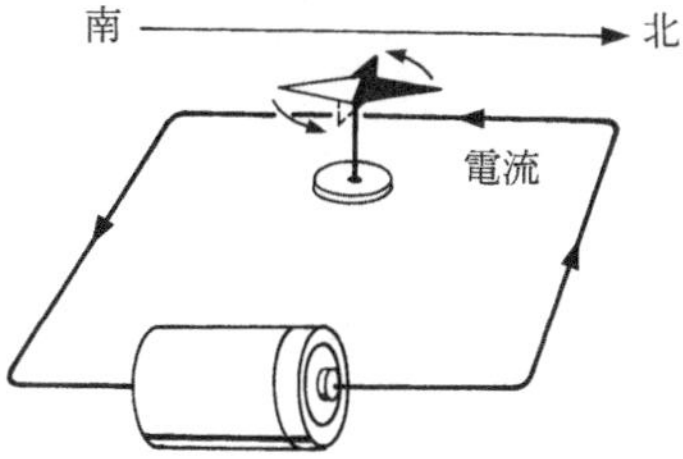

(c) 電流の上に磁針を置くと，逆に回る

図3.5　エールステッドの実験

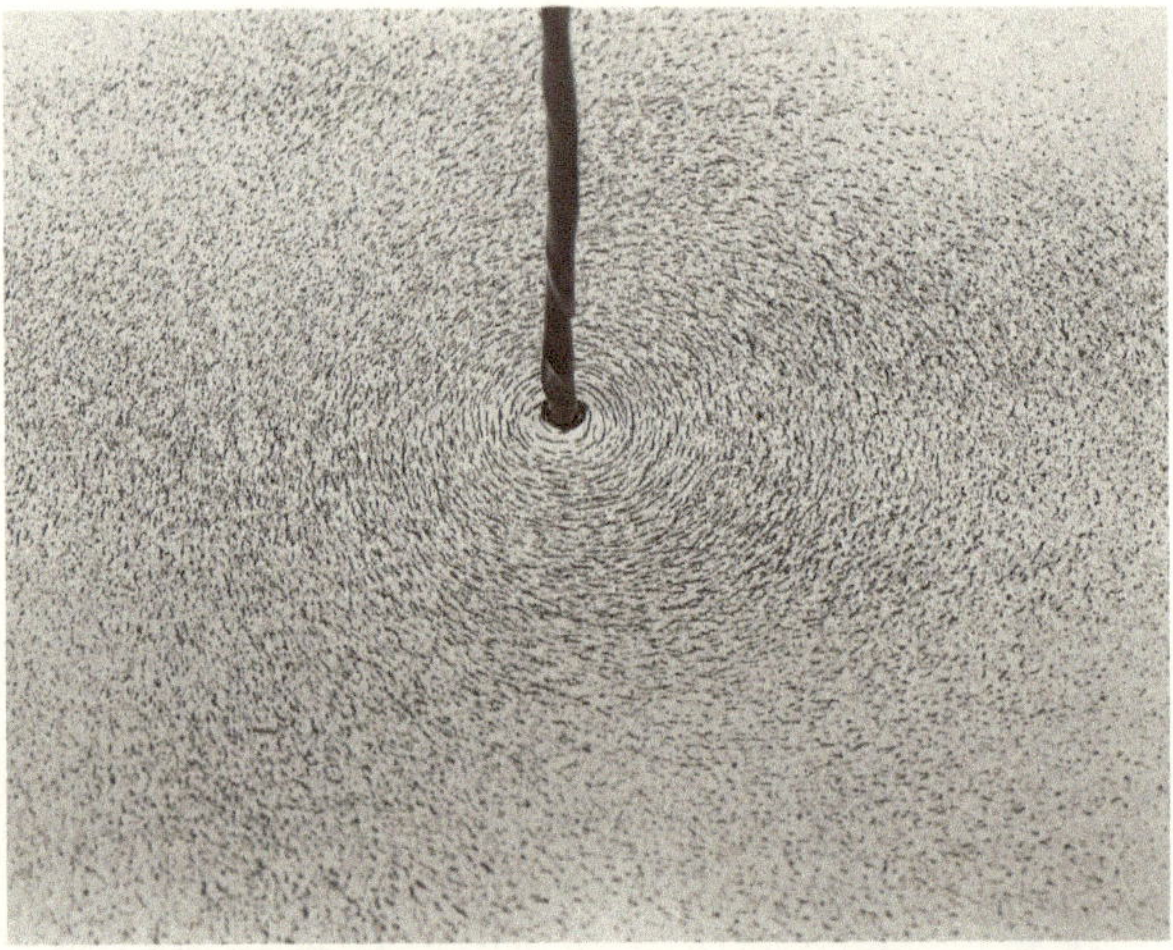

図3.6　直線電流のまわりの磁力線のようす

N極が少し下がり、S極が少し上がることがわかる。

電流のまわりの磁気力のようすをひと目で見るには、図3・6のように水平に置いた紙をつき抜けるように電流を流し、紙の上に鉄粉をばらまくとよい。鉄粉は、同心円状にきれいに並ぶ。これは鉄粉が小さな磁石となって、いっせいに磁気力の働く向きにそろうからである。

磁力線と磁場

電流のまわりの鉄粉の模様をくわしく観察するなかから、磁気力についても近接力の考え、すなわち磁力線と磁場の概念が登場してくる。

電流のまわりの磁気力のようすは、これまで人々が慣れ親しんできた引力・反発力とはまったく異なっている。引力・反発力は遠隔力の立場で説明しやすいが、電流のまわりの磁気力は説明しにくい。また鉄粉のようすは、空間になにかがあることを暗示している。その「なにか」を磁場という。

近接力の立場から、つまり磁場の概念を使って電流のまわりの磁気力を説明すると、次のようになる。

一、電流はそのまわりの空間に磁場を作る。

二、磁場のなかに置かれた磁針は、磁場から力を受ける。

磁場の向きは、磁針のN極に働く磁気力と同じ向きと約束されている。また磁場のようすが目に見えるように、磁力線を描く。その向きはもちろん、磁針のN極に働く力の向きである。

右ねじの法則

電流が作る磁場の向きについては、右ねじの法則というたいへん有名な法則がある。右ねじというのは、右にまわすと前進するねじのことで、ふだん使われるねじは、ほとんどが右ねじである。たとえば電球も、右へまわすとなかに入って行く右ねじである。

右ねじの法則は図3・7を見ていただくとわかりやすいが、言葉で表わすと次のようになる。

「直線電流の向きと右ねじの進む向きが一致するように、電流と右ねじを置く。こうすると、右ねじをまわす向きがその電流により作られた磁場の向きと一致する」

つまり、

　電流の向き⇕右ねじの進む向き
　磁場の向き⇕右ねじをまわす向き

という対応関係になる。

右ねじの法則はたいへん便利な法則で、磁場の向きについてはこの法則さえ覚えておけばあらゆる場合に適用できる。

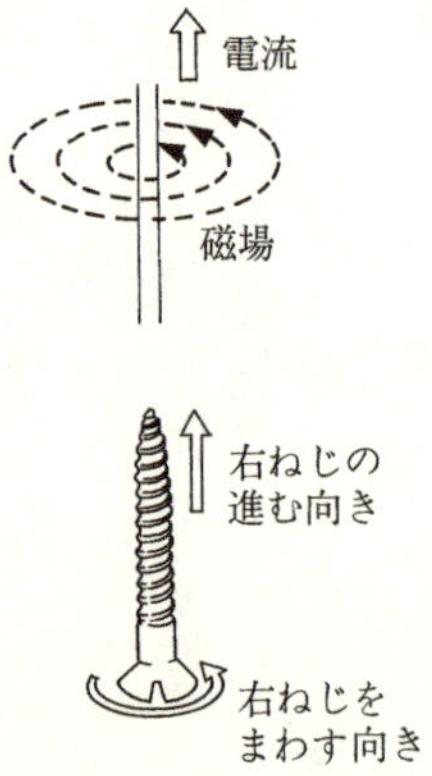

図3.7　右ねじの法則

次に磁場の強さを考えよう。直線電流のまわりの磁場の強さは、電流の強さに比例し、電流からの距離に反比例することが実験で確認されている。すなわち、電流I〔アンペア〕からr〔メートル〕はなれた場所での磁場の強さは、

$$B=\frac{\mu_0 I}{2\pi r}$$

$\left(\frac{\mu_0}{2\pi}\text{は比例定数}\right)$

と表わされる。磁場の強弱を表わす記号Bは、慣習で磁束密度と呼ばれ、その単位にはテスラTが使われる。なおμ_0は真空の透磁率と呼ばれる。

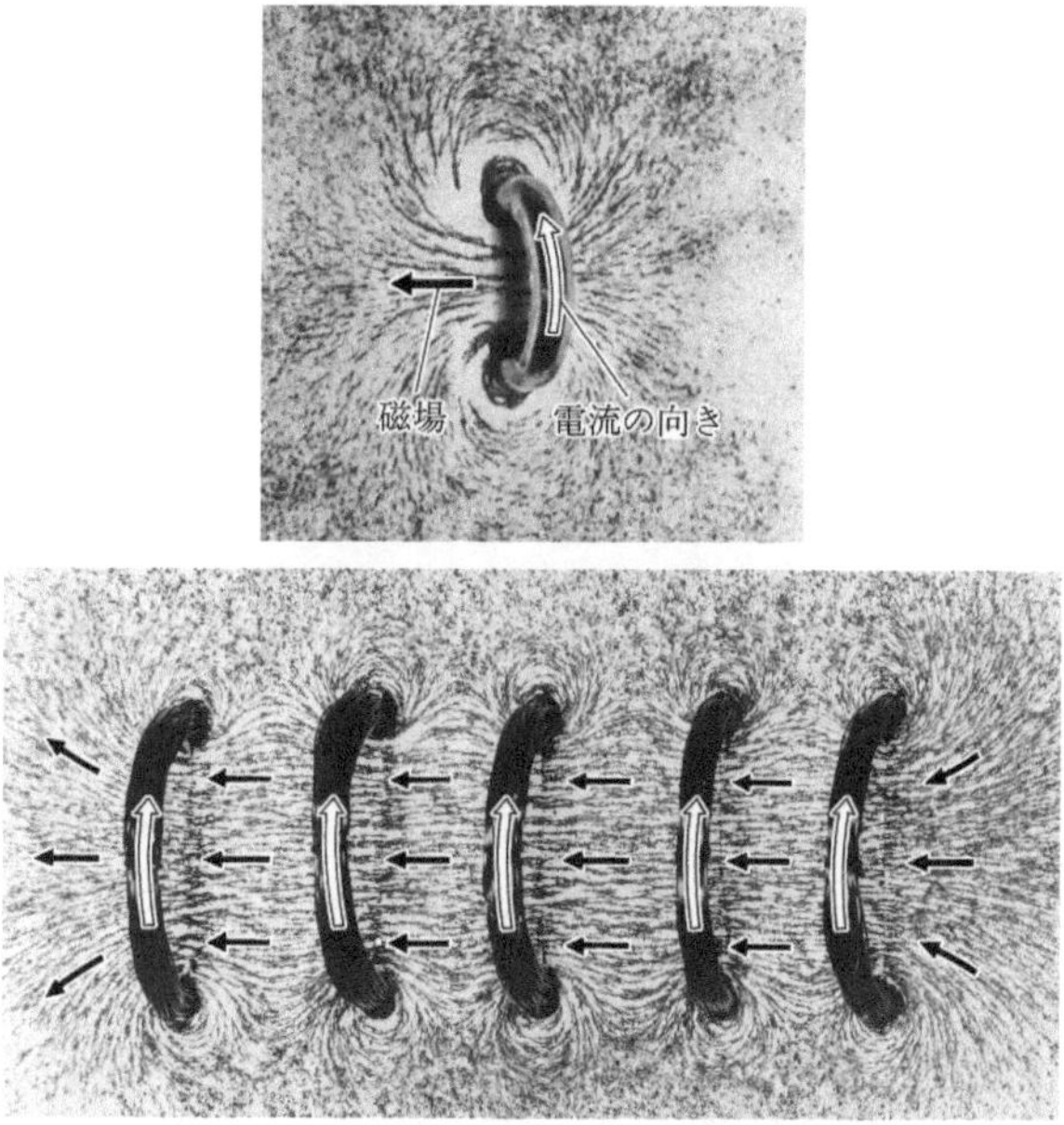

図3.8　円形コイルとソレノイドによる磁場

直線電流を円形にすると一巻きのコイルができる。コイルの各部分に右ねじの法則を使うと、そのまわりの磁場のようすは図3・8上のようになる。

導線を何回も巻いたコイル（ソレノイド）が作る磁場のようすは、やはり右ねじの法則を各部分に適用すると、図3・8下のようになることがわかる。コイルの内部には、ほぼ一様な磁場ができており、外部には、永久磁石と同じ形の磁場ができる。したがって、電磁石の両側には永久磁石と同じようにN極とS極ができていると考えてもよい。コイルのなかに鉄などの強磁性体を入れると磁場が強くなり、電磁石として利用できる。

永久磁石とコイルは同じ磁場を作る。これを手がかりに永久磁石の正体を考えることができる。

永久磁石の正体

永久磁石とコイルの磁場には、まったく違いが見られないので、この二つは同じものだということになる。しかし、コイルは電流を流したときだけ磁場を作り、永久磁石は常に磁場を作っている。電流が磁場の原因であることは明らかであるから、永久磁石にはコイルと同じように電流が流れていると予想される。しかも永久電流が……。

しかし永久磁石の電流は、まったく検出されない。ここで前に出てきた、永久磁石は極めて小さな磁石の集まりであるということを思い出してみよう。この小磁石は分子・原子そのものである。分子・原子には電流にあたるものが考えられる。それは電子にほかならない。電子は原子核のまわりを回転しながら、それ自身、自転していると考えられる。実際に磁石の原因になっているのは、電子の自転（スピン）である。

分子・原子磁石から大きな磁石ができるようすをモデル化すると、図3・9のようになる。小さな電流がたくさん集まると、内部では互いに打ち消しあい、外周のところの電流だけが残っ

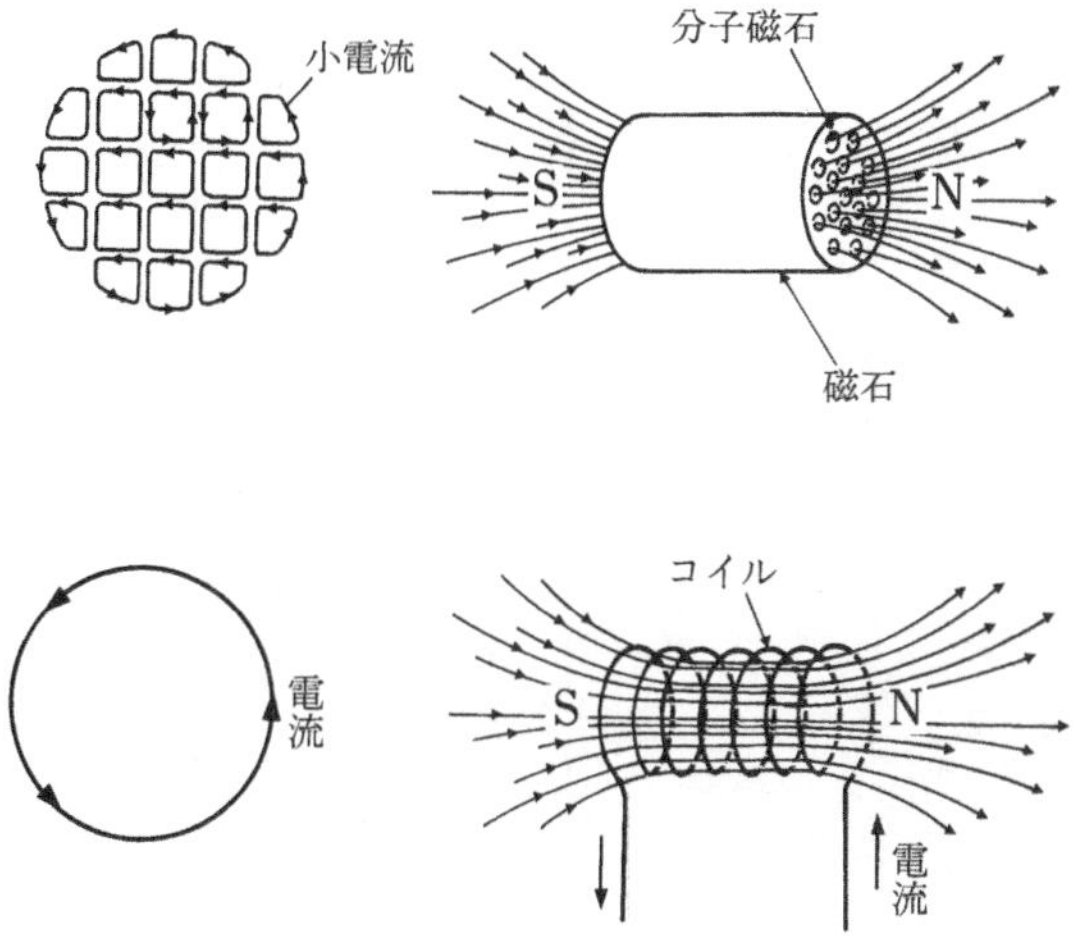

図3.9　永久磁石の正体は分子磁石の小電流と考えられる

て、それがコイルの電流と同じ働きをすることになる。

実際の原子のなかのようすはもっと複雑であるが、これで原理的には永久磁石の正体が明らかになった。磁場を作るのは、永久磁石の場合もあくまで電流である。したがって、磁気についてのクーロンの法則に出てきた磁荷というものは、本当は存在しないことがわかる。また、単極の磁石ができない理由もこれでわかる。円形電流は必ず、両側にN極とS極を作るのだから。

磁石になりやすいもの

鉄、コバルト、ニッケルのように、磁石に強く引かれる物質を強磁性体と呼ぶことは前にふれた。ここで、強磁性体が磁石に引かれるメカニズムを考えてみよう。

強磁性体では、磁石を近づけていない状態でも、おのおのの分子磁石の向きは、小さな区域（磁区という）ごとによくそろっている。これが磁石の作る磁場のなかに置かれると、磁場と同じ向きの領域が広がって、強い磁石となる。外部からの磁場を取り去っても、磁区の向きがそのままそろっているのが永久磁石である（図3・10）。

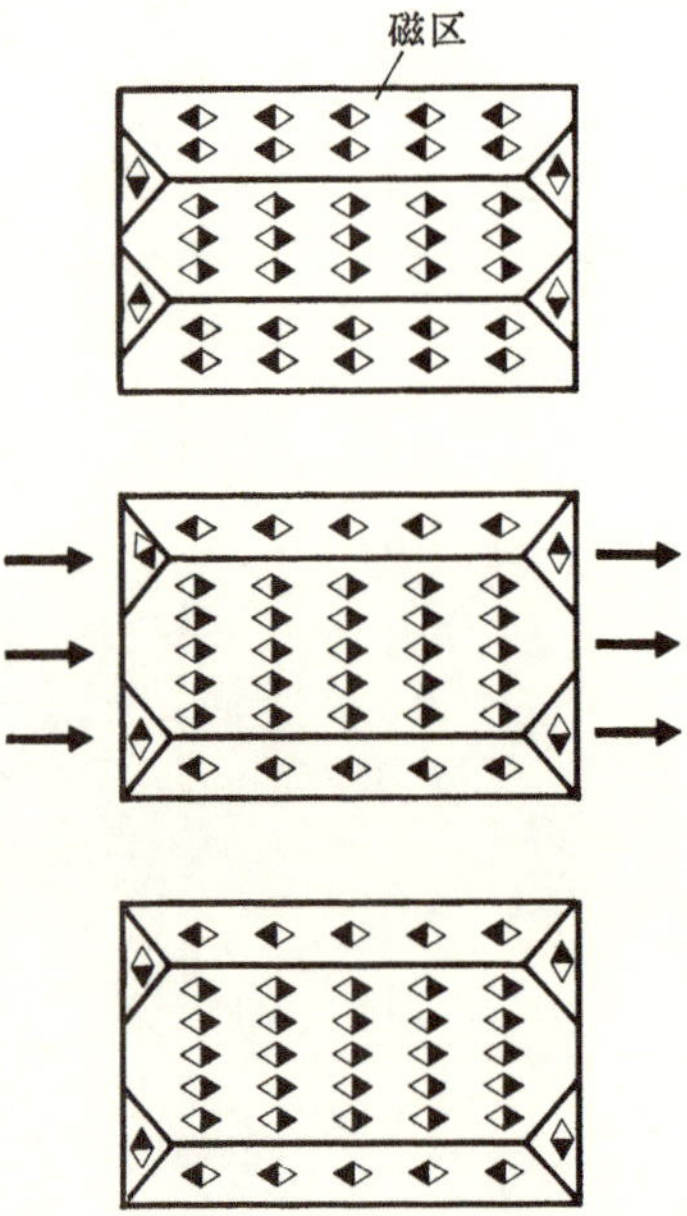

図3.10　永久磁石のでき方

これに対し、アルミニウムのように磁石との作用が極めて弱い物質（弱磁性体）では、分子が磁石の性質をほとんど持っていなかったり、持っていてもその向きが一つの方向にそろいにくい。そのため、磁場からほとんど力を受けないわけである。

磁場は循環型

直線電流にしろコイルにしろ、電流の作る磁場のようすには一つの特徴がある。それは、

「磁力線には、はじめと終わりはなく、必ず電流のまわりをひとまわりする」

ということである。直線電流の場合、磁力線は電流をとりまく円になるし、コイルの場合も、磁力線はコイルの内と外をひとまわりして、そのなかに何本もの電流をふくむ。これは磁力線、つまり磁場の本質的な特徴であって、このような場を循環型の場という。

磁場のようすは電場のようすとはまったく異なっている。電場は第2章で知ったように湧き出し・吸い込み型の場である。

なお、永久磁石の作る磁場は一見N極から出てS極に入り、その間はとぎれているように見えるが、そうではない。永久磁石の内部にも、コイルと同様の磁場ができている。このことは、永久磁石が分子磁石の小電流の集まりであることを考えれば当然である。磁場が循環的であるということは本質的なことであって、磁場を作るものがなんであっても成立する。

図3.11　ポッド型推進システム（株式会社IHI提供）

三、動く電荷に働く力

船舶用ポッド型推進システム

このような言葉は聞きなれないかも知れないが、原理は私たちがよく知っているものである。これは、（高温超伝導）モーターを使う新しいタイプの船で、試作船が作られた。

超伝導モーターを使えれば大量の電流が流せ、推進プロペラを高速回転させられる。また、このモーターを、ポッド（インゲン豆のさやの意味）に収納し、丸ごと船外に出して回転させることができるところにポッド型推進システムの特徴がある。スクリューを三六〇度回転できるので舵《かじ》が必要なくなる。高速、省エネ、振動の減少などのメリットがある。ただ、実用化には壁がある。

もう一つ、プラズマロケットの開発がある。これは、イオンと電子の流れに磁場をかけて推力を得ようとするものである。

磁場のなかを流れる電流や荷電粒子は、どのような向きに、どんな大きさの力を受けるのだろうか。

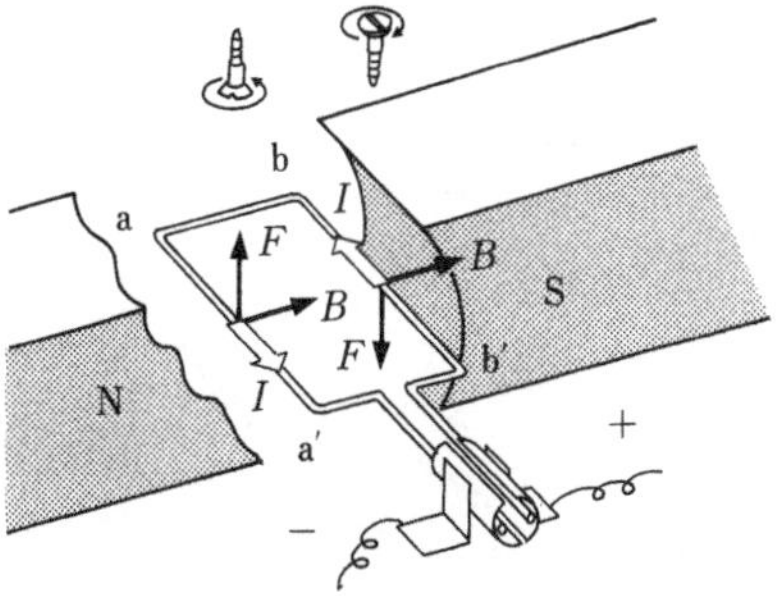

図３．12　モーターの原理

モーターの原理

ポッド型推進システムとかプラズマロケットなどというと、なにか新しくめずらしい原理が使われるのではないかとも思えるが、そうではない。利用される原理は、私たちの身のまわりにいくらでもあるモーターと同じである。
モーターのしくみを一番わかりやすく示すと図３・12のようになる。左右に永久磁石があり、右向きの磁場が作られている。そのなかに長方形のコイルを置き、図のような向きに電流を流す。
このように、
磁場のなかに電流を流すと、電流は磁場から力を受ける。

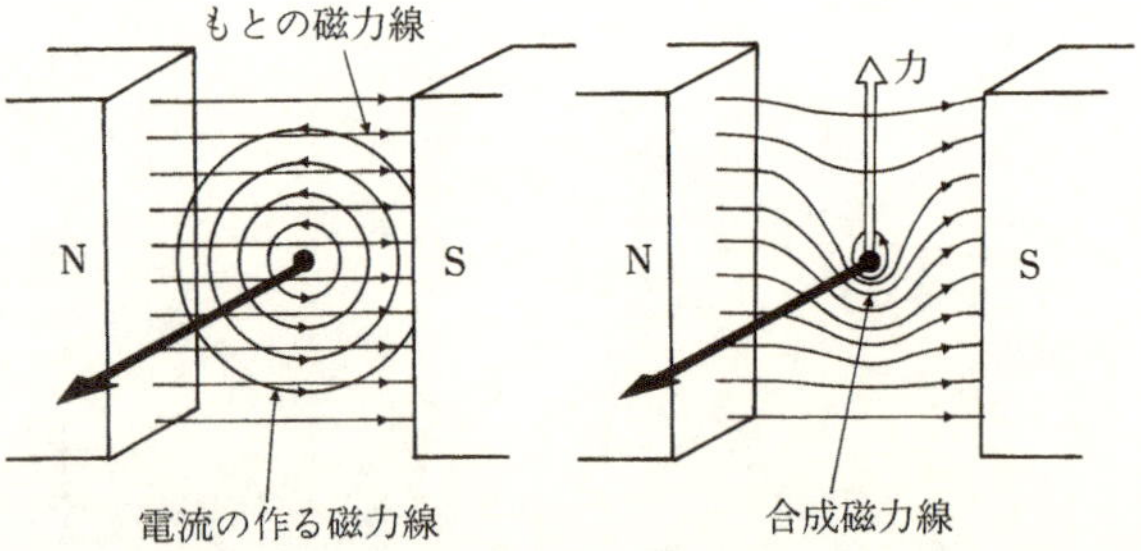

(a)電流は紙面のうらから
おもてへ流れる

(b)磁力線がゴムひものように，
電流を上に押す

図3.13 電流が磁場から受ける力の向き

消しゴムとクリップでモーターを

手製でよくまわる簡単なモーターを作ってみるのもおもしろい。

太さ○・四ミリメートル程度のエナメル線を一五回ほど巻いて、図のようなコイルを作る。コイルの両端の一方はエナメルを全部はがし、もう一方はエナメルを半回転分だけはがす。消しゴムの上に図のように伸ばしたクリップを二つさし、そこに

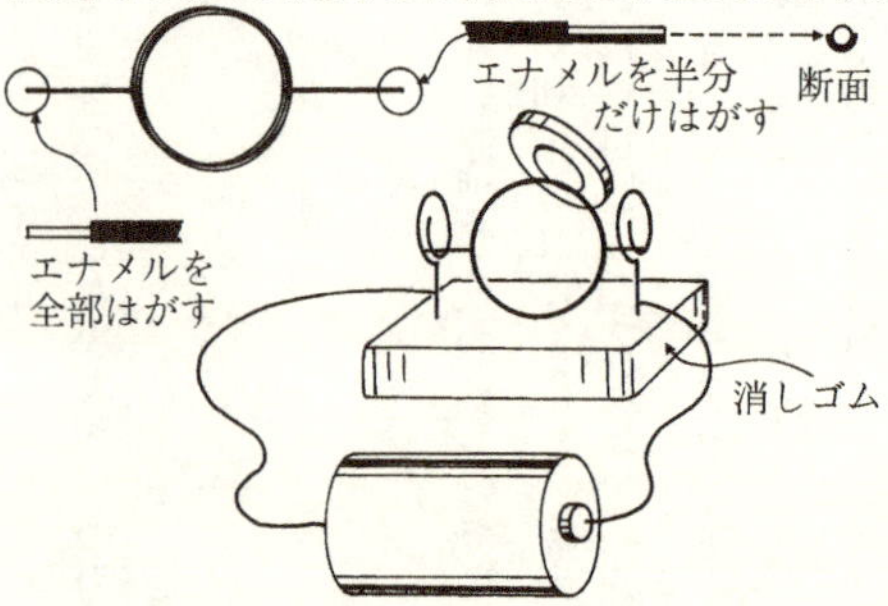

これがモーターの原理であるが、モーターはどちら向きにまわるのだろうか。コイルを回転させる力は、コイルの左側の辺と右側の辺に働く力である。左側の辺（aa′）を流れる電流に働く力はどちら向きか。この電流が磁場から受ける力は、磁場にも電流にも垂直で上向きとなる。

コイルを乗せる。あとはクリップに電池をつなぎ、磁石をコイルに近づけるだけ。指で軽くコイルを押すと、そのままくるくると回転を続ける。なお、このモーターは接点のところで電流の向きは逆転しない。出来上がったらなぜまわるのか考えてみるのもおもしろい。

磁場と電流に垂直な向きは、上と下の二通りある。なぜ下でなく上向きなのか。自然のしくみがそうなっているからと答えるしかないのかも知れないが、次のように考えると少しはイメージがつかみやすい。

磁石による平行な磁力線と、一本の直線電流による円形の磁力線を、図３・13のように合成してみる。すると磁力線は電流の下側では強めあって密になり、上側では弱めあって薄くなる。下側の密になった磁力線が、ちょうどゴムひものように電流を上に押し上げる。

この力の方向は、次のように覚えるとよい。

便利なＩＢの法則

電流が作る磁場のときと同じように、今度も右ねじを使う。まずねじの頭の面（ドライバーを

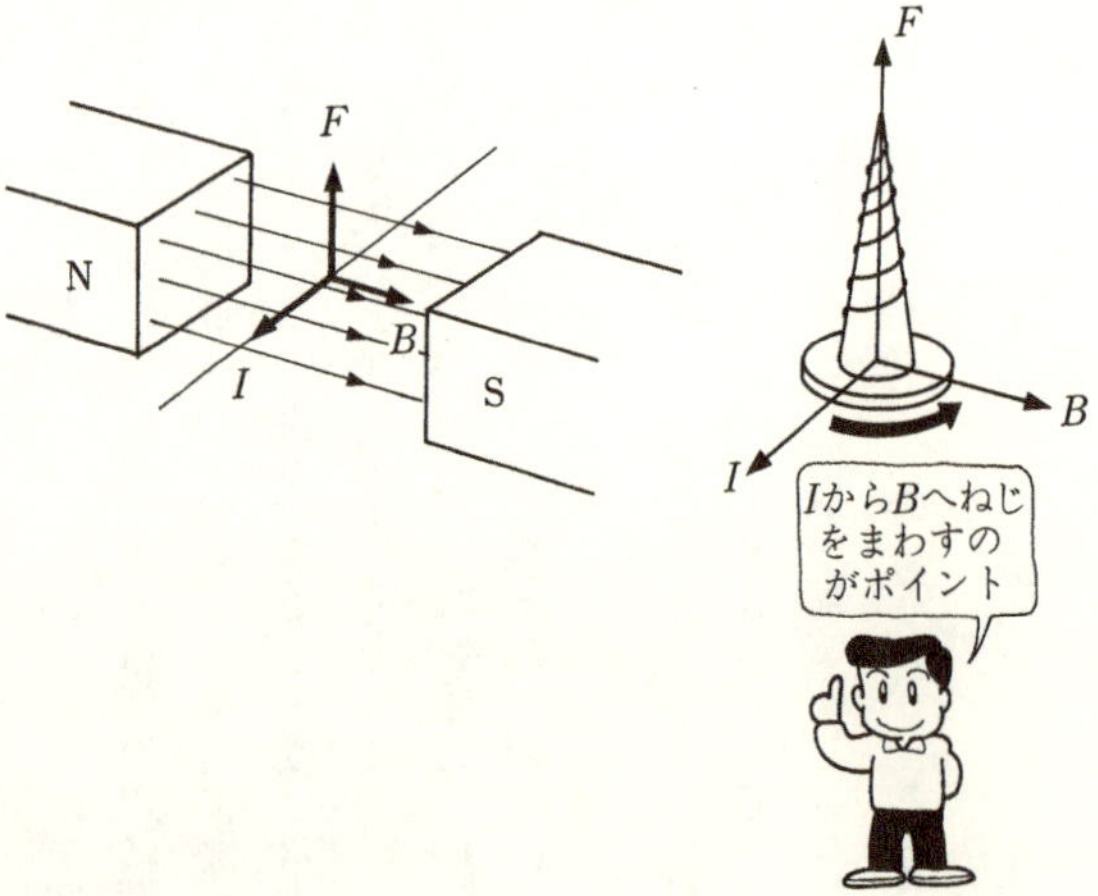

図3.14　ＩＢの法則

当てるところ、プラスとかマイナスのすじが入っている面）を、電流Iと磁束密度Bの矢印が作る平面に一致させる。こうしておいて、右ねじをIからBへと回転させたときに、ねじの進む向きが力Fの働く向きとなる。少しややこしいが、図3・14を見ながら考えていただきたい。最初はやりにくいが、慣れてくるとこの法則は使いやすい。

　この法則には名前がない。名前がない法則は覚えにくいので、私はこの法則をＩＢの法則と勝手に呼んでいる。

　この法則を、今度はモーターのコイル（図3・12）の右側の辺（bb′）を流れる電流に使ってみよう。ねじを下向きにおけば法則の条件が満たされるので、下向きの力が働くことがおわかりであろう。同じように考えると、左側の辺（aa′）では上向きの力が働くこともわかる。
モーターのコイルはこの二つの力によって回転し、磁場に垂直になるところまで行くが、このままではそこで止まってしまう。そこで、この瞬間、手前にある電流の接点が入れかわって、電流の向きが逆になるようにしてある。すると今度はコイルの各辺に働く力の向きが上下逆になって、コイルはさらに半回転する。以下同様にして、コイルはくるくると回転を続ける。

(注) なお、電流が磁場から受ける力の向きを表わすのに、フレミングの左手の法則が使われることもある。

この法則では、左手の親指、人さし指、中指を互いに直角にして、

親指──→力
人さし指──→磁場
中指──→電流

と対応すると覚える。この法則を利用しても別にかまわないのだが、IBの法則の方が多くの自然法則に現われる形に共通しているので、この本ではこちらで説明していくことにしたい。

これで電流が磁場から受ける力の向きが明らかになったが、次に力の大きさの公式を示してお

こう。力の大きさは磁場と電流が直交している場合には、磁場の強さを表わす磁束密度B、電流の強さI、そして磁場のなかにある導線の長さlに比例する。すなわち、

$$F=BIl$$

となる。この公式は単純でわかりやすい。

曲がる荷電粒子

電流が磁場から力を受けるということは、導線中を流れている電子が磁場から力を受けることにほかならない。

電子に限らず、陽子とかイオンなど電荷を持った粒子ならなんでも、磁場のなかを運動しているときは、磁場から力を受ける。この力はローレンツ力と呼ばれる。粒子の運動の向きと磁力線が直交する場合、その大きさは粒子の電荷をq、速さをv、磁束密度をBとすると、

$$f=qvB$$

と表わせる。力の向きは、電流の場合と同じで、正電荷を持った粒子の場合は、粒子が動く向きを電流の向きと考えて、ＩＢの法則を使えばよい。また、電子のように電荷が負の粒子では、粒子の運動方向と逆向きに電流が流れているとして、やはりＩＢの法則で力の向きを決めることができる。

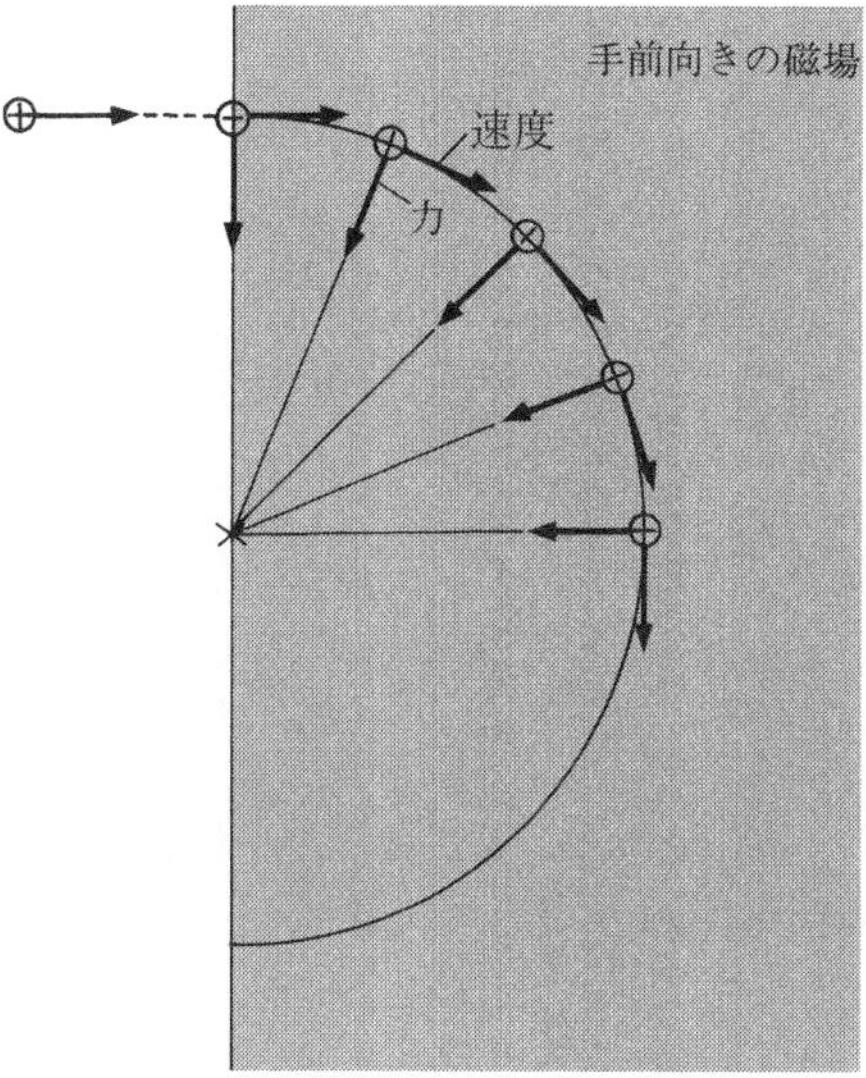

図3.15　磁場に飛び込んだ荷電粒子は円運動をする

サイクロトロン——荷電粒子を加速する

磁場のなかに入った荷電粒子は、磁場からの力によってどのような運動をするのだろうか。図3・15のように、紙面に垂直で手前向きの磁場のなかに、正の荷電粒子が飛び込んできたらどうなるだろうか。磁場からの力は磁場と粒子の進行方向に垂直である。進行方向に垂直の力が働くと、粒子の速さは変化せず、その運動方向だけが変化する。粒子の速さが一定なので、磁気力の大きさも常に一定である。

大きさが一定で進行方向に垂直な力が働くと、粒子は円運動をする。このことは、人工衛星が円軌道を描いて地球をまわるときを考えるとわかりやすい。円軌道上をまわる人工衛星に働いている力は、地球からの一定の大きさ

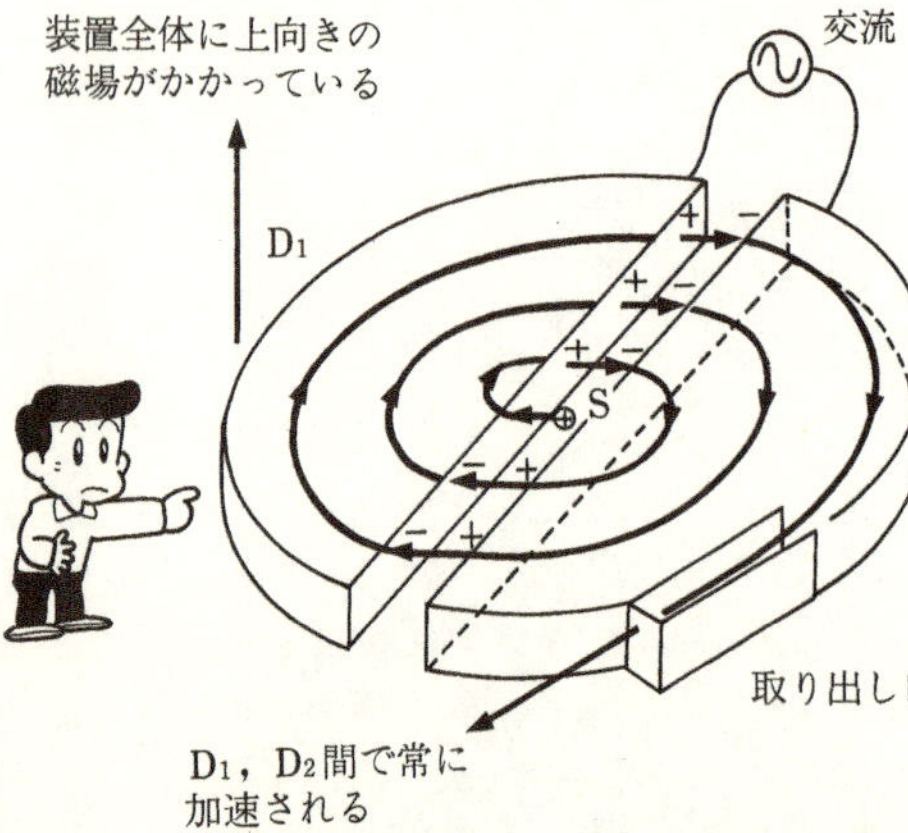

図3.16　サイクロトロンの原理

の万有引力だけであり、その向きはいつでも進行方向に垂直である（人工衛星は軌道に乗ってしまえばもちろん推力はないので、進行方向の力は存在しない）。

素粒子の謎を探究する現代の大型加速器は、磁場からの力で粒子を円運動させる。現代の粒子加速器の原型となったのは、ローレンス（アメリカ）が一九三〇年に発明したサイクロトロンである。

サイクロトロンでは、円の中心付近から荷電粒子を出発させる。はじめ粒子は小さな円軌道を描く。この粒子を加速するためには電場が利用される。図3・16のように、二つのD字形の電極を水平に置き、粒子が半回転するごとに電極のプラスマイナスを逆転させ、粒子が電極の境を通過するときにいつでも進行方向に電気力が働くようにする。こうすると、粒子はしだいに速くなり、円軌道の半径も大きくなっていく。最後にこの粒子を外に取り出して、ほかの粒子との衝突実験を行うわけである。ローレンスが最初に作ったサイクロトロンは、直径がわずか三〇センチメートルのものであった。その子孫である現代の加速器（シンクロトロン）は、直径が何キロメートルにもおよぶ。光速に近いスピードまで加速された電子や陽子などを衝突させて、自然界の究極の法則の探究が、絶えまなく続けられている。

四、磁気力はどう働いているか

論客アンペールの考え

この章では磁気現象を説明するために、磁場という概念を大いに利用してきた。磁場を利用する立場、つまり近接力の立場に立てば、磁気現象は次の二つの法則で説明できる。

一、電流はまわりに磁場を作る。

二、磁場のなかに置かれた電流は、磁場から力を受ける。

しかし、磁気力を遠隔力の立場から説明することも可能である。遠隔力の立場に立った論客アンペール（フランス）の意見を聞いてみよう。アンペールは、エールステッドの電流の磁気作用の発見の直後、電流間に働く力を発見した優れた物理学者である。

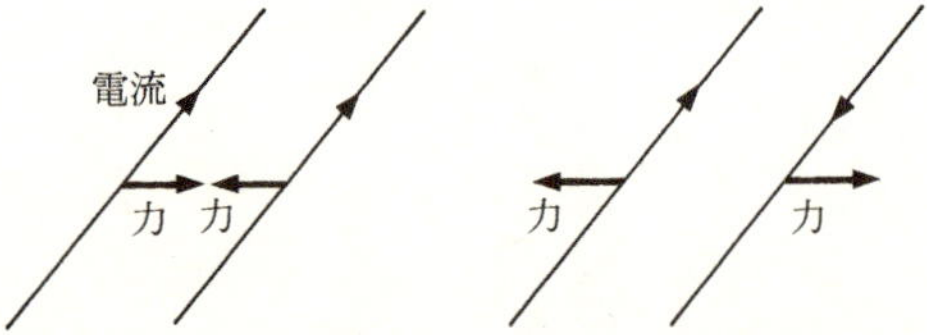

遠隔力　同じ向きの電流＝引力。反対の向きの電流＝反発力

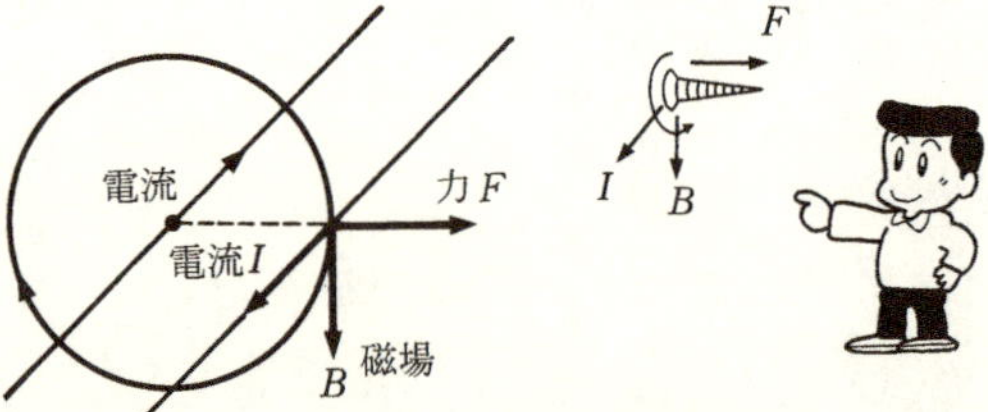

近接力　磁場から電流に働く力は磁場と電流の両方に垂直である

図3.17　遠隔力と近接力の違い

――アンペールさん、あなたの発見について説明して下さい。

「私の発見の内容は極めて明快です。二つの直線電流があると、

　同じ向きの二本の電流の間には引力
　反対向きの二本の電流の間には反発力

が働くのです」

――なるほど。それで、その力はどのようなメカニズムで働くのですか。

「力は電流間に直接作用するのです。それは、ニュートンの万有引力と同じで、二つの物体を結ぶ直線上で作用します。途中の媒体は必要ありません」（図3・17上）

――磁場を使ってもこの力を説明できるということですが……。

「どうぞ、やってごらんなさい」

——えっ、私がやるんですか。えーと、電流が反対向きの場合は、まず右ねじの法則を使いますと、左側の電流によって、右側の電流のところに、下向きの磁場ができます（図3・17下）。そこで、IBの法則を使うと、右向きの力が働きます。右側の電流が作る磁場についても同じことをやれば、電流は互いに反発しあうことになります。

「いや、なかなかおみごとです。しかし、かなり考え方が複雑ですね」

——ええ、いつも冷や汗が出ます。

「確かに磁場を考えても電流間の力は説明できますが、私の説明の方が明快です。それだけではありません。私たちは物理理論のお手本として、偉大なニュートンが創り出した力学の体系を持っています。そのなかでは、物質間に働く万有引力だけによって、すべての天体の運動が説明できます。場という考えは使われておりません。私は電磁気の理論も、ニュートン力学と同じ方法によって創られるものと確信しています」

磁気の基本法則

このように、磁気力も電気力と同じように、遠隔力と近接力のどちらの立場からも説明できる。これまでのところ、二つの立場に優劣はつけがたい。しかし現在では、遠隔力の立場が通用するのは、この章で扱ったような、電流が変化しない静的な磁気現象の場合だけであることがわかっている。近接力の立場が正しいことの証明は、やはり以下の章の探究課題とせざるを得ないが、ここで近接力の立場から、磁気の基本法則をまとめておこう。

磁気に関する第一の法則は「電流は磁場を作る」という単純なものである。磁場は電場と異なり循環型であることも思い出しておこう。磁場の向きは「右ねじの法則」で求められる。

磁場の原因はあくまで電流であって、電荷に当たる磁荷というものは存在しない。また、単極の磁石も存在しない。永久磁石による磁場は、電子のスピンが原因と考えられる。

第二の法則は「電流（動く荷電粒子）は磁場から力を受ける」というものである。力の向きはIBの法則で求められる。

磁気の基本法則はこの二つだけである。これで電気と合わせて、基本法則は四つになった。

これまでの静的な現象では、第2章の電気の法則とこの章の磁気の法則は互いに独立で、電場と磁場は関係を持たない。

しかし、電場や磁場が時間とともに変化した場合はどうなるのだろうか。このとき、電場と磁場が互いにからみあった現象が現われる。それが、これから見ていく電磁誘導、交流、電磁波である。電場と磁場という二人の役者の共演によって、舞台はいよいよ佳境を迎えることになる。

第4章

電磁気学最大の発見——電磁誘導

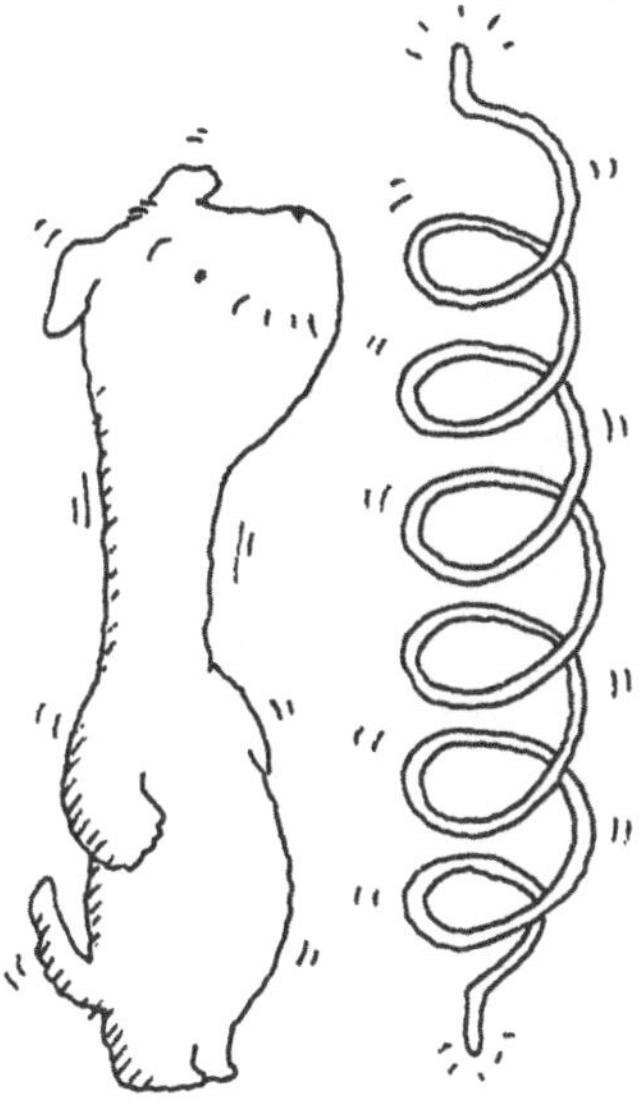

一、磁気から電流を作る

磁石を空中に浮かす

超伝導状態になった物質の上に強い磁石を近づける。すると磁石は超伝導体に反発されて、空中に静止する。超伝導が身近になっているこのごろでは、このようなシーンをテレビで、あるいは実際に見た人も多いかもしれない。

しかし、磁石はなぜ落ちないのだろうか。この現象は電磁誘導と関係がある。

電磁誘導は現代社会ではきわめて広く利用されている。そのなかで最大の応用は、なんといっても発電である。発電の原理の発見がなければ、今日の電気文明は存在しない。そこでまず、電磁気学史上最大の発見といわれる、ファラデー（イギリス）の電磁誘導の発見のドラマを見ることにしよう。

磁気から電流を作るには

電流が磁石に力を及ぼすというエールステッドの発見を知ると、誰でも一つのアイデアを思いつく。電流から磁気が作れるのなら、その逆に磁気から電流を作れるのではないだろうか。このようなアイデアを思いついた人は、ファラデー以外にもたくさんいた。しかし、誰も磁気から電流を作ることに成功しなかった。ほかならぬファラデー自身も、さまざまな試みにもかかわらず、なかなか成功を手に入れることはできなかった。その理由はどこにあるかというと、磁気からの電流のでき方が、人々の予想と大いに異なっていたからである。私たちはこれに似た事態を、エールステッドの発見のところでも一度経験している。自然界は、人間の予想を裏切る意外性に満ちている。

磁気から電流を作ろうとするとき、私たちはどんな実験を試みるだろうか。まず思いつくのは、導線のそばに磁石を置いてみることである。しかし磁石をできるだけ強くし、導線をコイル状に巻いても、電流は得られない。

つぎに思いつくことは、二つのコイルを使って一方に電流を流して磁場を作り、その磁場によって、もう一つのコイルに電流を生みだせないかということである。しかしこれもうまくいかない。一方のコイルに流す電流をいくら強くしても、もう一つのコイルには電流は現われない。

発見は意外なところからやってきた

ファラデーは、図4・1のような軟鉄の輪にA、B二つのコイルを巻いた装置を作り、磁気から電流を作る試みをくり返していた。B側のコイルからの導線は、離れたところで磁針の近くを

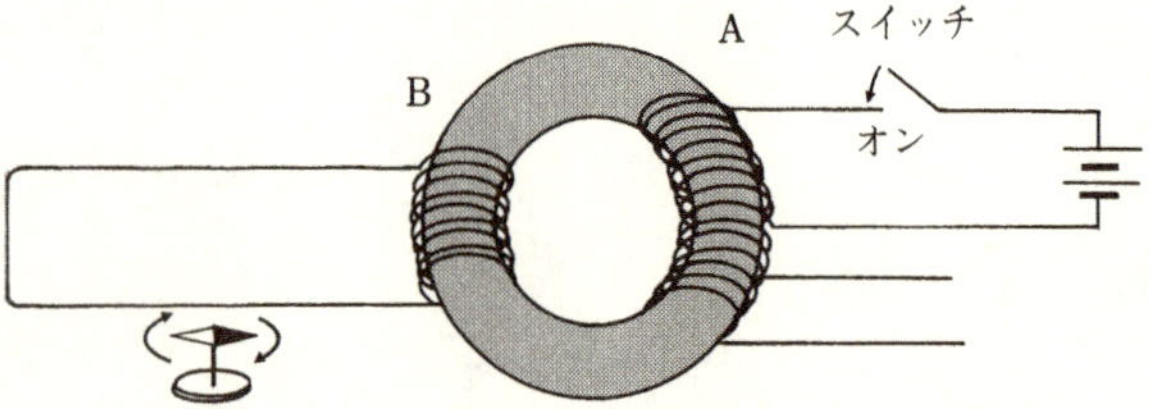

図4.1　ファラデーの発見。スイッチを入れた瞬間，磁針がかすかに振れた

通るようにしてあり、磁針の動きで電流がキャッチできるようになっている。何回もくり返された失敗のあと、ついに成功の日がやってきた。ファラデーがA側のコイルに電池をつないだ瞬間、彼の鋭い観察力は、磁針の極めて小さな振れを見出したのである。

一八三一年八月二九日の彼の日誌には、淡々と次のように記されている。

「Aコイルのうち一つの両端を電池につなぐ（Aコイルは三つのコイルからなる）。とたんに磁針に作用が感じられた。磁針は振動して、最後には元の位置に落ちつく。Aコイルの電池との接続を切った時にも、磁針は作用を受ける」

「A側のコイルを一本にまとめて全部へ電流を流す。磁針への影響は前よりもずっと大きい」（中山正敏『電磁誘導』（共立出版）中のファラデーの実験日誌からの引用。以下同じ）

この電流のでき方は、人々の予想を裏切るものである。期待されていたのは定常な電流であった。しかし、ファラデーはいう。

「Bからの導線には永続的なあるいは特別な状態は生じない。A側の接続をつないだり切ったりする瞬間にひき起こされる電気の波による効果が現われるだけである」

こうして、Bコイルに電流が発生するのは、Aコイルに電流を流したり切ったりする瞬間、つまりAコイルの電流が急激に変化するときだけであることが判明した。いくら強い電流を流しても、それが変化しなければだめなのである。

ファラデーは、どのような着想からこの電磁誘導の発見に到達したのだろうか。あるいはまったく偶然に、磁針の動きを発見したのか。彼の日誌にはなにも書かれていない。しかし、この発見を、彼の単なる幸運に帰することはできないであろう。たぶん、電流を入れたり切ったりする瞬間に磁針が動くことは、ほかにも見た人がいるに違いない。しかし、人間は自分の予想と異なる現象を事実と認めることはなかなかできないものである。予想外の現象はなんらかの誤作動としてかたづけられてしまう場合が多い。磁針の小さな振れを、本質的な現象であると見抜いたファラデーの洞察力と柔軟な思考力は、やはり賞讃に値するといえよう。

マイケル・ファラデーの人となり

「私の受けた教育は普通の学校でやる読み、書き、算数の基本だけの、ごく普通のものにすぎませんでした。学校にいるとき以外は、たいてい家や路上で過ごしました」（ホルトンほか『プロ

図4.2　電磁誘導の発見者マイケル・ファラデー（1791～1867年）

ジェクト物理4』コロナ社）

貧しい鍛冶屋の息子として生まれたファラデーは、正規の教育を受けることができなかった。彼は一二歳から本屋の使い走りとして働き、のちに製本屋の徒弟奉公人となった。彼に勉強を教えてくれたのは、仕事のあいまに読む百科事典や科学の啓蒙書であった。彼は自作の装置で科学実験を行ったりしていた。

二〇歳のとき、生涯最大の幸運が彼に訪れた。本屋のなじみのお客さんから、当時第一級の化学者、王立研究所のハンフリー・デービー卿の講演の切符を贈られたのである。ハンフリー卿の四回の講演を食い入るように聴いたファラデーは、その内容を家に帰ってからすべてノートに記録した。

彼はこのノートに挿し絵をそえてきれいに製本し、ハンフリー卿に手紙を書き、実験助手として雇ってくれるように頼んだ。ハンフリー卿はファラデーのノートに心を動かされたようだ。しばらくしてファラデーは彼の助手に採用された。

これは奇蹟である。階級制度の厳しいイギリスでは、下層階級の学歴のない青年が、科学研究の世界に入ることなど考えられなかったからである。

実はファラデーは一四歳のとき、似た体験をしている。製本屋の親方が、金の払えない彼を徒弟奉公人に採用してくれた。ファラデーには、人の好意を引き出すなにかがあったのであろう。

化学実験助手に採用されたファラデーは、実験装置の操作の巧みさ、理解の早さ、仕事への熱意と正確さでデービーを驚かせた。

ファラデーは長い実験助手としての仕事のあいまに電気の研究を続け、三〇歳のとき、磁気力によって回転する電動機（つまり原始的なモーター）を作り、一躍ヨーロッパ中にその名を知られる科学者となった。

一八三一年、四〇歳の年、ファラデーは九年間追究し続けてきた電磁誘導現象をついに発見した。これは歴史に永久に残る彼の業績である。

ファラデーはその後、王立協会の会員となり一生を研究に捧《ささ》げるが、最後まで経済的成功を求めなかった。彼は発電の原理である電磁誘導をはじめ、数多くの業績を残しながら、ただ一つの特許も取らなかった。お金を一番大切にしがちな現代人には信じにくいことかも知れないが、彼が一番大切にしたのは科学研究そのものであった。

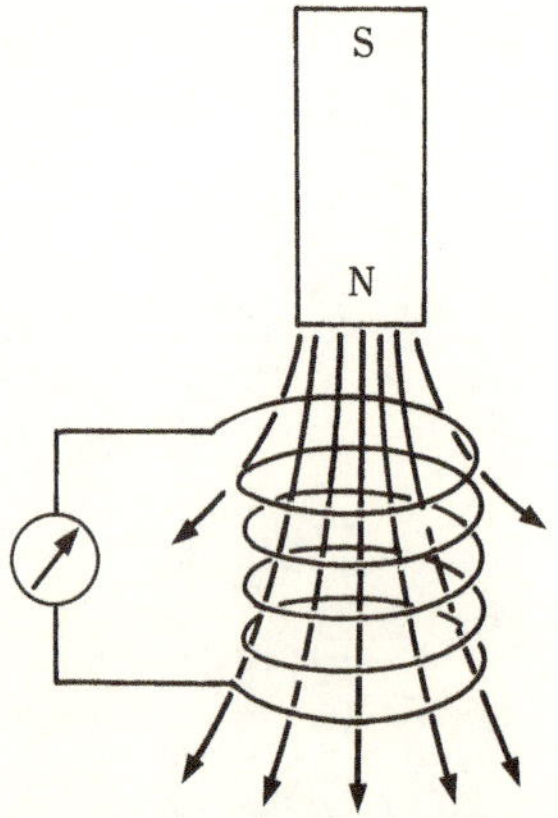

図4.3　コイルの近くで磁石をすばやく動かすとコイルに誘導電流が生じる

力線のイメージを作る

学歴のないファラデーは数学を知らなかった。のちにマクスウェルはファラデーの研究を評し「ファラデーが数学者でなかったことは、おそらく科学にとって幸運なことであった」といった。この言葉は名言である。

数学を知らないファラデーは、どのようにして電磁気現象を解明したのだろうか。彼が利用したのは力線（磁力線・電気力線）のイメージである。電磁気の実験を行うとき、彼の頭のなかには力線が躍っていた。ほかの科学者にはなにも存在しないように見えた空虚な空間には、力線が満ちあふれていた。電流・磁石のまわりの磁力線、帯電したコンデンサーの極板間の電気力線、これらの力線を通して、ファラデーは電磁気現象を理解し説明した。ファラデーは私たちに、自然を探究する際のイメージの大切さを教えてくれる。

磁石による電磁誘導

二つのコイルの間の電磁誘導の発見を突破口として、ファラデーは次々と電磁誘導のさまざまなバリエーションを発見する。

磁石とコイルの間ではどうか。

「……磁石の一端をコイルの円筒の端にちょうど入りかけるようにしておいてから、全部を一気に突っ込む。検流計の針は動く。次に引き抜くと針は逆向きに動く。この効果は磁石を入れたり出したりするたびに繰り返される」（以下、再びファラデーの実験日誌より）

これは、コイルを静止させて磁石を動かした場合である。逆に、磁石を静止させてコイルを動かしても電磁誘導は起きる。

「コイルまたは円筒を磁石に触れないようにしながら、磁石の方へまた遠ざかるように動かしても、検流計に作用が認められた」

ファラデーによるいろいろな電磁誘導の発見はこれだけにとどまらないが、その話はここで一度打ち切り、すべての電磁誘導に共通する法則を調べることにしよう。

二、電磁誘導の法則

磁場の変化こそが原因

まず、これまでの電磁誘導をまとめておこう。

第一の場合は、二つのコイルの一方の電流を変化させたときに、他方に誘導電流が生じるもの。

第二の場合は、磁石とコイルの一方を他方に対して動かしたとき、コイルに誘導電流が生じるもの。

この二つの電磁誘導に共通な現象はなにか。ここで、空間に存在する磁場・磁力線が威力を発揮する。

二つのコイルの場合、Aコイルに電流が流れると、磁力線は鉄の輪にそってBコイルを貫く。スイッチを入れたり切ったりすると、Bコイルを貫く磁力線が増えたり減ったりする。

磁石とコイルの場合も同様である。コイルに磁石を近づけたり遠ざけたりすると、コイルを貫く磁力線が増えたり減ったりする。

この磁場の変化が誘導電流の原因である。そこで磁場の変化と誘導電流の関係を調べてみよう。

磁石とコイルの場合、磁石を速く動かすほど誘導電流は大きい。二つのコイルの場合は、コイルに強い電池をつないでスイッチを入れたり切ったりした方が誘導電流は大きい。くわしく調べてみると電磁誘導の効果は、コイルを貫く磁場の変化の速さに比例することがわかる。

次に、誘導電流が生じる側のコイルの巻き数を増やしてみる。コイルの巻き数が多いほど誘導電流は大きい。巻き数を多くするということは、コイルが囲む面積を増やすのと同じである。一巻きを二巻きにすれば、磁場が貫くコイルの面積が二倍になり、誘導電流も二倍になる。つまり、電磁誘導の効果は、誘導を受けるコイルの面積に比例する。

こうして、電磁誘導の効果は、磁場の変化の速さと、コイルが囲む面積の両方に比例することがわかった。

電磁誘導を説明する新しい物理量

この二つの効果を一つの法則にまとめるために、新しい物理量を導入しよう。コイルを貫く磁場の強さを表わすのは、磁束密度B（単位テスラ）という量であった。磁場がコイルの面を垂直に貫くとき、この磁束密度Bにコイルの断面積S〔平方メートル〕をかけた量を、コイルを貫く磁束と呼び、Φ《ファイ》という記号で表わす。磁束の単位はウェーバーWbと呼ばれる。

つまり、

磁束＝磁束密度×コイルの断面積

$$\Phi = B \times S$$

である。磁束という言葉は少々なじみにくいが、花束《はなたば》という言葉と同じで、磁力線の束と思えばわかりやすい。磁場が強く（すなわち磁力線が密で）、コイルの面積が大きいほど、コイルを

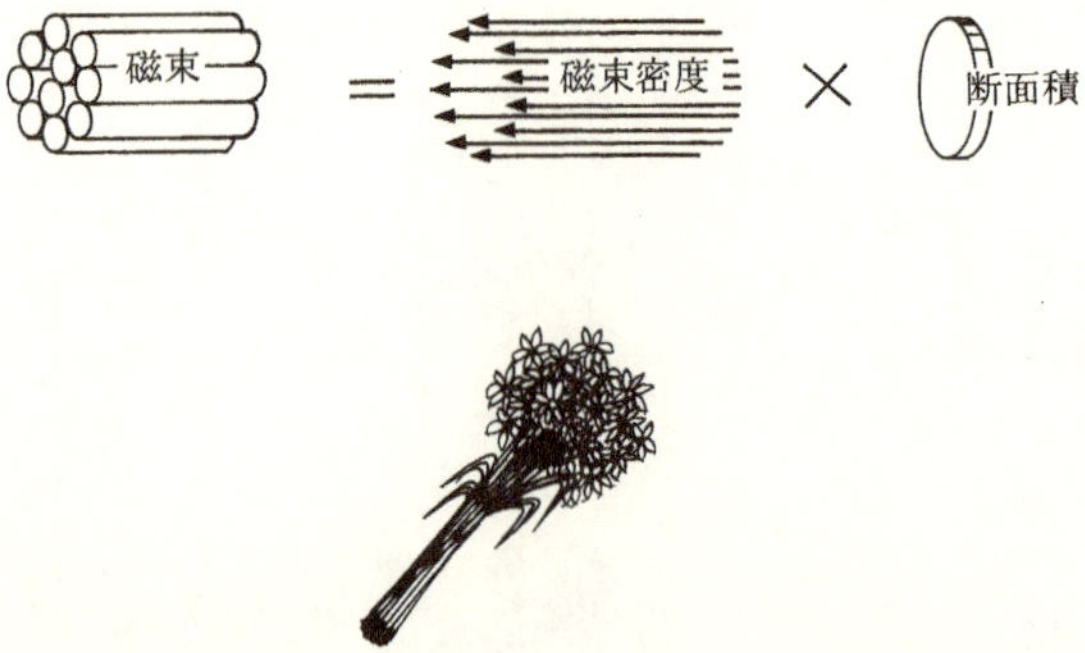

図4.4　磁束とは花束のようなもの

貫く磁力線の本数は多く、磁束が大きいことになる。

この磁束という新しい量を使うと、電磁誘導の効果は磁束の変化の速さに比例する、という一つの文で表わされる。電磁誘導の効果とは、電池と同じように、回路に電流を流そうとする働きのことで、これは起電力（起電圧）と呼ばれる。

こうして、有名なファラデーの電磁誘導の法則が得られた。すなわち、

電磁誘導による起電力は、コイルを貫く磁束の変化の速さに比例する。

この法則を式で表わそうとすると少しむずかしくなるが、大切な法則なので参考までに記しておこう。

誘導起電力の大きさ

$$V=\left|\frac{\Delta\Phi}{\Delta t}\right|$$ （$|\ |$は絶対値の記号）

式は簡単だが、Δ《デルタ》という記号が、慣れない人にはわかりにくい。Δという記号は単独では意味がなく、そのあとの文字

といっしょになってはじめて意味を持つ。Δはそのあとの量の小さな変化を表わすもので、Δtは時間tの小さな変化を表わし、$\Delta\Phi$はその間の磁束Φの変化を表わす。したがって$\dfrac{\Delta\Phi}{\Delta t}$は、磁束の変化の速さを表わすことになる。

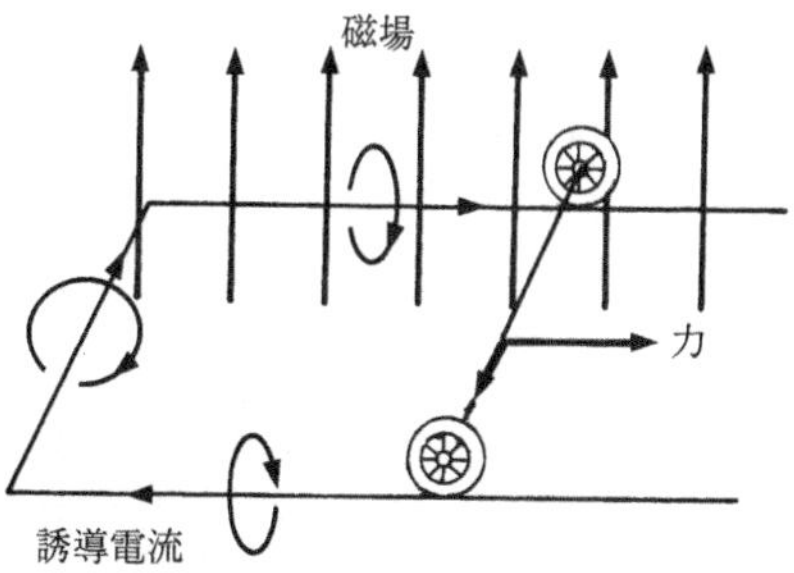

図4．5　レンツの法則。磁束の変化を妨げる向きに誘導電流は生じる

レンツの法則はあまのじゃく？

電磁誘導にはもう一つ大切な法則がある。それは、誘導電流の向きについての法則である。

コイルを貫く磁束が増えたり減ったりしたとき、コイルに流れる誘導電流の向きはどうなるのか。図4・5の例で考えてみよう。二本のレールの上に車輪が乗っている。レールは左端で結ばれている。これで、車輪の軸と合わせて、長方形のコイルができていることになる。このレールに上向きの磁場をかけておく。

さて、車輪に外から力を加えて右向きに引っぱると電磁誘導が起こり、コイルに誘導電流が流れる。なぜか。この場合、コイルを貫く磁場の強さは変化していないが、コイルの面積が増えていく。すなわち、コイルを貫く磁束（磁束密度×面積）が増えていく。このとき、コイルにはどちらまわりに誘導電流が流れるか、これが今考えている問題である。

コイルを上から見たとき、電流が左まわり（反時計まわり）に生じると、仮に考えてみよう。そうすると、この誘導電流による磁場は、コイルの内部で上向きとなる（右ねじの法則）。車輪を引っぱることによって、すでに上向きの磁束は増加中である。これに誘導電流による磁束が加わって、磁束の増加が加速される……。そうすれば、ますます電磁誘導は大きくなり、ますます電流も増える。こうして変化が変化を呼び、いくらでも大きな電流が勝手に生まれることになる。しかし、このようなことが起きるのだろうか。

自転車をこいで加速しようとするとき、自転車が自分からどんどん加速してくれれば、とても楽である。しかし、このようなことはもちろん起こらない。物体は加速しようとすれば必ず抵抗する。逆に減速しようとしてもそれに抵抗する（車は急に止まれない！）。

電磁誘導でも事態は同じである。コイルを貫く磁束が増えようとすると、これを妨げるのが自然の性質である。

したがって図4・5の場合、コイルを貫く上向きの磁束の増加を妨げるように、誘導電流が生じるはずである。その向きはコイルを上から見て右まわり（時計まわり）となる。右まわりの電流が流れれば、この誘導電流によって、コイルを下向きに貫く磁束ができ、これが車輪の運動による上向きの磁束の増加を妨げるのである。
以上のようにして決まる誘導電流の向きをまとめたものがレンツの法則である。

誘導電流は、コイルを貫く磁束の変化を妨げる向きに生じる。

レンツの法則は、はじめ少し親しみにくいが、慣れるとたいへん便利な法則である。この法則だけで、あらゆる誘導電流の向きが予測できる。

たとえば、同じ図4・5で、車輪を左向きに動かせば、コイルを貫く上向きの磁束が減るため、誘導電流は上向きの磁束を作ってこの減少を妨げようとするので、左まわりに流れることになる。

三、活躍の場が多い電磁誘導

手まわし発電機

手まわし発電機というおもしろい道具がある。豆電球（六ボルト用）をつないで、文字通り手でまわすと電球がつく。手まわし発電機を二台つないで、一台のハンドルをまわす。もう一台のハンドルを自由にしておくと、勝手にまわり出す。このとき、一台は発電機、もう一台はモーターとして働いている。モーターと発電機は、しくみは同じでその働き方が逆である。

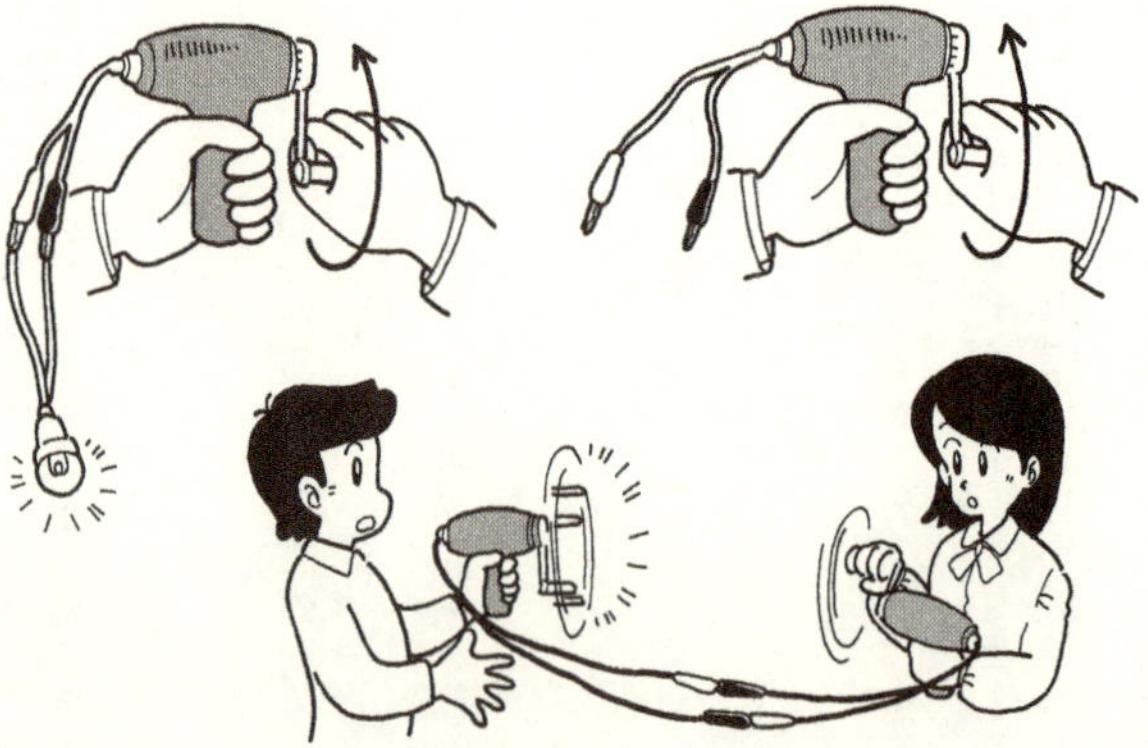
図4.6　手まわし発電機

もう一つ、おもしろい実験ができる。手まわし発電機に豆電球をつないだときと、つながないときで、発電機をまわす際の抵抗感をくらべてみる。豆電球をつないだときの方が、明らかにハンドルが重い。これは、自転車の発電機をまわすとき、ライトが切れていると、こぐときの抵抗感が少ないのと同じである。

発電は電磁誘導の最大の応用だが、発電の核心はエネルギーの変換である。エネルギー変換に焦点を合わせて、発電のしくみを調べてみよう。

エネルギーの変換

発電機の構造はモーターと同じである。モーターとの違いは、コイルに電流を流すのではなく、逆にコイルに外から仕事を加えてまわすところにある。コイルをまわすエネルギー源として、水力（水の落下のエネルギー）や火力・原子力（高温水蒸気の熱エネルギー）などが利

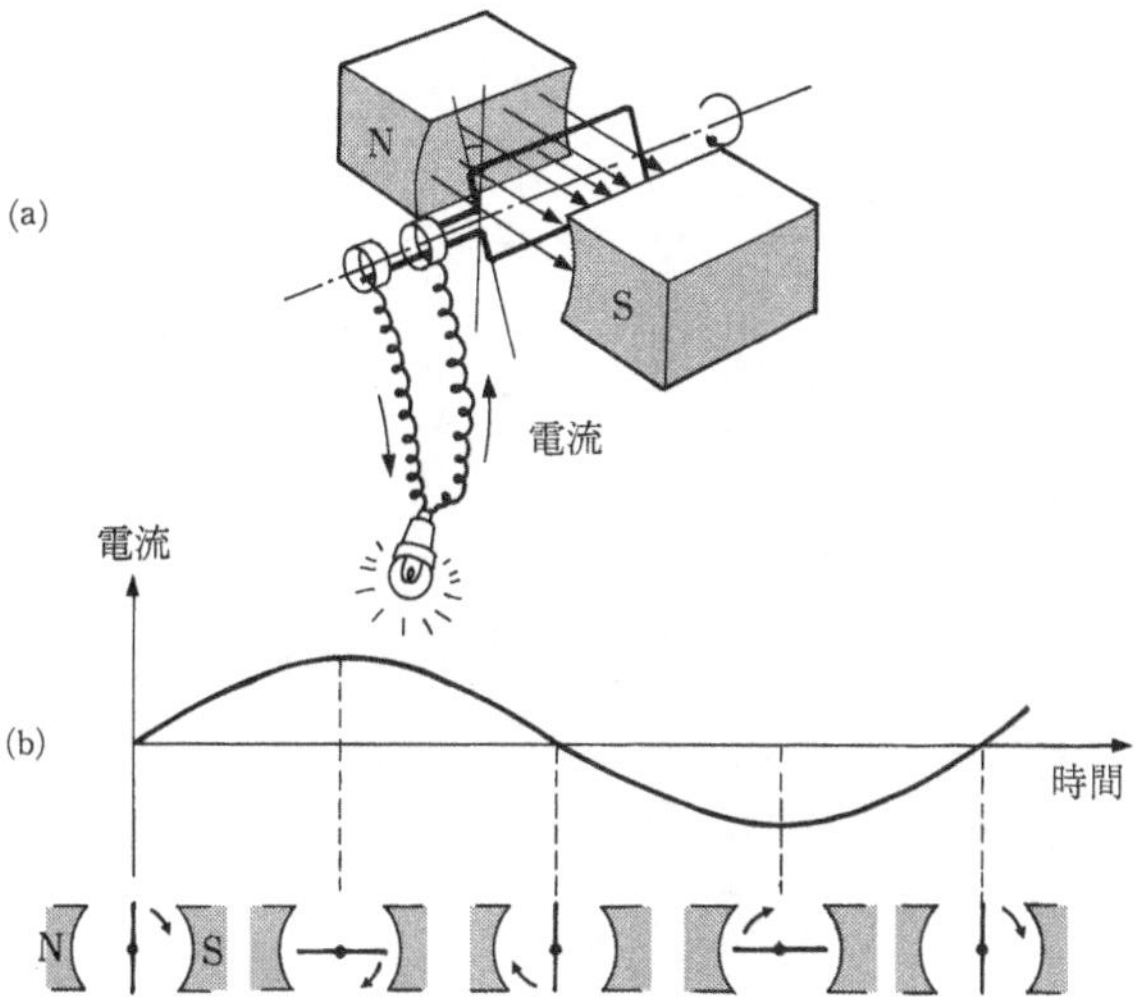

図４．７　発電機は自然に交流を作り出す

用される。

発電の原理は電磁誘導そのものである。図４・７(a)のように磁場の中にコイルを入れ、それを外から回転させると、コイルを貫く磁束が変化する。この場合、コイルの囲む面積自体は変化しないが、コイルと磁場の傾きが変化するのでコイルを貫く磁力線の数、つまり磁束は変化している。コイルの位置と回転の向きが図のようなとき、電球にはどちら向きに誘導電流が流れるだろうか。レンツの法則を使うと、図にある通りである。しかし、コイルが一八〇度回転したときを考えると、電球の電流は逆向きとなる。この電流のようすをグラフに描くと図４・７(b)のようになり、発電機からは自然に交流が得られることがわかる。

ファラデーの時代には、電流が磁場を作ることの逆の作用として、時間的に変化しない磁場から電流を得ようとさまざまな努力が行われた。しかし、それらはすべて失敗に終わった。電磁誘導を起こすには、コイルを貫く磁束を変化させねばならない。そのためには外からの仕事が必要である。このとき、落下する水の力学的エネルギーや、高温水蒸気の熱エネルギーなどが消費される。つまり発電機は、ほかのエネルギーを磁場の変化を仲だちとして電気エネルギーに変換するのである。もしも、外からの仕事なしに、永久磁石の磁場だけから電流が得られれば、これは一種の永久機関である。エネルギー保存則（エネルギーはさまざまに変換されるが、湧いてきたり消滅したりはしない）が知られている現在では、このような機関が作れないことは常識である。しかしファラデーの頃は、エネルギー保存則は確立しておらず、外からの仕事なしに磁場から電流を得ようとする無駄な努力がなされたことになる。

電球をつながないで、自転車の発電機や手まわし発電機をまわしたとき抵抗感が少ないことは、エネルギーの関係から理解できる。電球で消費されるエネルギーは、

$$P=VI$$

で表わされることを思い出そう。電球をつながなければ電流はゼロなので、電気エネルギーは消費されない。当然、発電のための仕事も必要ないことになる。

二台の手まわし発電機をつないで、一台を発電機としてまわすと、もう一台がモーターとして

まわる場合、エネルギーは、

力学的エネルギー ──発電機──→ 電気エネルギー ──モーター──→ 力学的エネルギー

と変換されている。つまり、発電機とモーターはどちらも、磁場を仲だちにしたエネルギーの変換機であることがわかる。

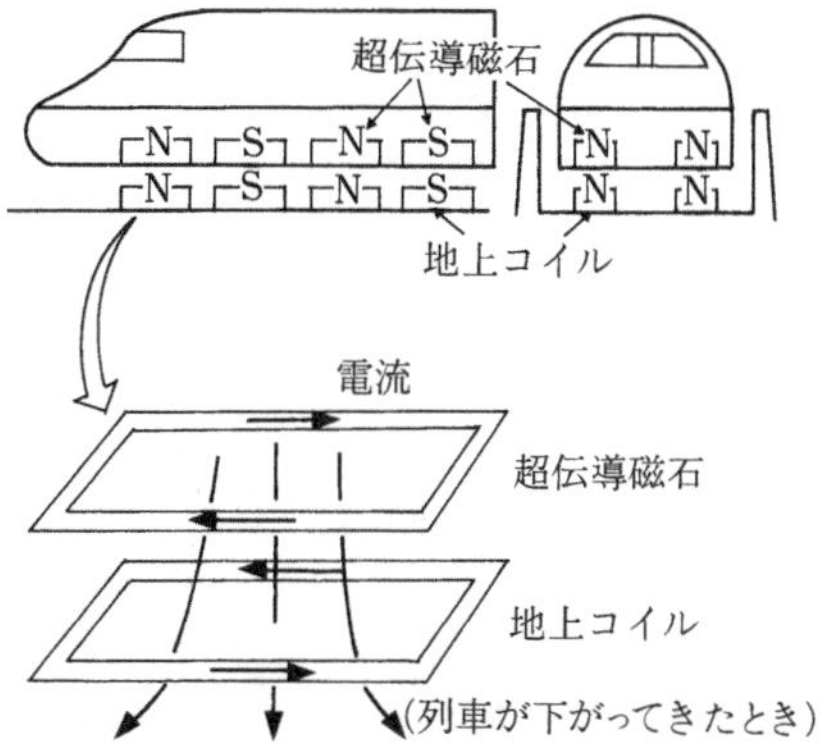

図4.8　リニアモーターカーの磁気浮上には電磁誘導が利用されている

磁気浮上の原理

電磁誘導は、リニアモーターカーの磁気浮上にも応用されている。列車を浮上させるために、列車の側には電磁石が載せられる。このとき、超伝導磁石を使うと発熱によるエネルギーの損失が少ない。一方、軌道面の側には、磁石を敷きつめて反発させることも原理としては不可能ではないが、軌道にずっと磁石を敷きつめるのはたいへんである。そこで、磁石のかわりにコイルが敷きつめられている。

このコイルには電流を流しておく必要はない。なぜだろうか。ここで電磁誘導が役に立つ。列車が浮上しているとき、もし列車がその重量によって下がってくると、列車に積んである電磁石の作る磁場が下がってくる。そのため、軌道面のコイルを貫く磁束が増加する。すると電磁誘導によって軌道面のコイルに誘導電流が生じる。誘導電流の向きは、列車の電磁石を流れる電流と逆まわりになるので（レンツの法則）、二つのコイルの間には反発力が働く。こうして列車が下がろうとするのを防ぐことができる。

逆に、列車が浮き上がろうとすると、軌道面のコイルには逆まわりの誘導電流が生じ、列車は下向きの引力を受ける。こうして列車は常にちょうどよい高さを保つことができる。なかなか見事な応用といえよう。

なお、JR東海は二〇〇七年四月、二〇二五年に東京と名古屋の間でリニアモーターカーによる中央新幹線の営業運転の開始を目指すと発表した。時速を五〇〇キロメートルとすると、東京—名古屋間が四〇分位で結ばれることになる。将来は、東京—大阪間を約一時間で結ぶことが目指されている。ただし、実現には建設費用・安全性などをふくめ多くの問題が予想される。

超伝導体

磁気浮上が出て来たところで、この章のはじめにふれた、超伝導体の上に磁石が静止するメカニズムも調べておこう。

超伝導体に、図4・9のように磁石を近づける。すると、超伝導体を貫こうとする磁束が増えるので、電磁誘導によって超伝導体の内部に円形の電流が生じる。この電流をうず電流というが、その向きはやはりレンツの法則で求められる。このように超伝導体は電磁石となるが、うず電流の作る磁場の向きを考えると、超伝導体はもとの磁石と反発し合うことがわかる。こうして磁石は空中に浮かぶ。いつまでも浮かせる力が働くのは、普通の導体ではうず電流のエネルギーが導体の抵抗によって熱に変わり、すぐ失われてしまうのに対して、超伝導体では電流が永久に流れ続けるからである。

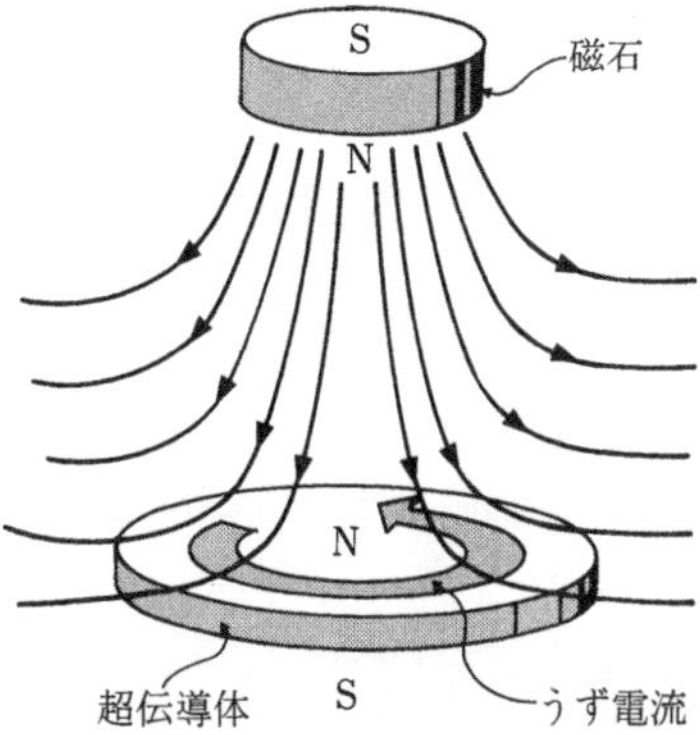

図4.9　超伝導体の上に磁石が浮くのは電磁誘導が原因である

このとき磁石のN極に近づけた超伝導体の磁石に近い側には、N極ができていることになる。これは、鉄などの強磁性体とまったく逆である。

このように、超伝導体に磁石を近づけたときに反発される現象は超伝導体が抵抗ゼロの完全導体であると考えることによって説明できる。

なお、第3章でふれたいくつかの物質が反磁性を示す理由も、同じように理解できる。反磁性の原因は、物質中に生じる誘導電流にあると考えることができる。ただ超伝導体とは違って、普通の物質では誘導電流はたいへん弱いので、わずかな反磁性しか示さない。

ＩＨ調理器を調べる

料理にはまき、ガス、そしてトースター、オーブンなどが使われてきた。これらは、熱の発生のメカニズムがよくわかるので理解しやすい。

しかし電子レンジとＩＨ調理器は、炎もヒーターも見えず、なぜ調理ができるのか不思議である。ここでは、トッププレートが温まらないのに料理ができるＩＨ調理器（電磁調理器）の原理を調べてみよう。

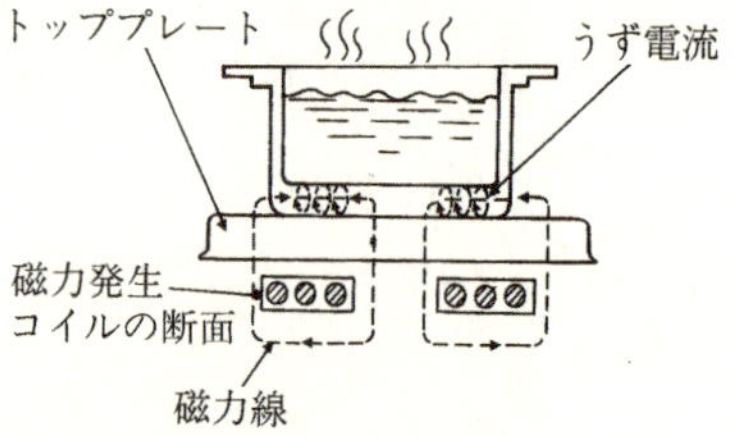

図4.10 IH調理器は電磁誘導によるうず電流を利用している

ＩＨ調理器の断面は、図4・10のようになっている。内部には、蚊取り線香のような形をしたコイルがあり、そのコイルに二万ヘルツ（毎秒二万回、向きが変化する）以上の交流が流される。そのため図のような磁力線が、なべの底を貫く。なべは、アルミや陶磁器のなべなどではなく、磁力線を引きよせる強磁性体（鉄、ステンレスなど）でなければならない。なべの底を貫く磁場が激しく変化するので、そこにうず電流が流れる。ここで電磁誘導が利用されているが、あとは電熱器と同じである。なべの底を流れる電流が、なべの電気抵抗のためにジュール熱を発生し、なべを直接温めてしまうわけである。

なお、電気炊飯器でも、ＩＨジャー炊飯器が使われるようになり、そこでは同じようにうず電流による加熱が利用されている。

四、誘導法則、ここが核心

誘導法則を掘り下げる

電磁誘導のデモンストレーションとして有名なのは、図４・11の装置である。コイルの上に電気を通しやすい金属（たとえば銅）の輪を載せておき、コイルに交流を流すと金属の輪が「ポーン」と飛び上がる。

輪が飛び上がるのは次の理由による。コイルの電流が急激に変化すると、金属の輪を貫く磁束が変化し、電磁誘導によって輪に電流が流れる。この電流の向きは、たとえばコイルの電流が増えつつあるときには、コイルの電流と逆向きになる（レンツの法則）。そこで二つの電流の間に反発力が働いて輪が飛び上がる。

さて、この輪が飛び上がる電磁誘導と、レンツの法則の説明に出てきた、レール上で車輪を動

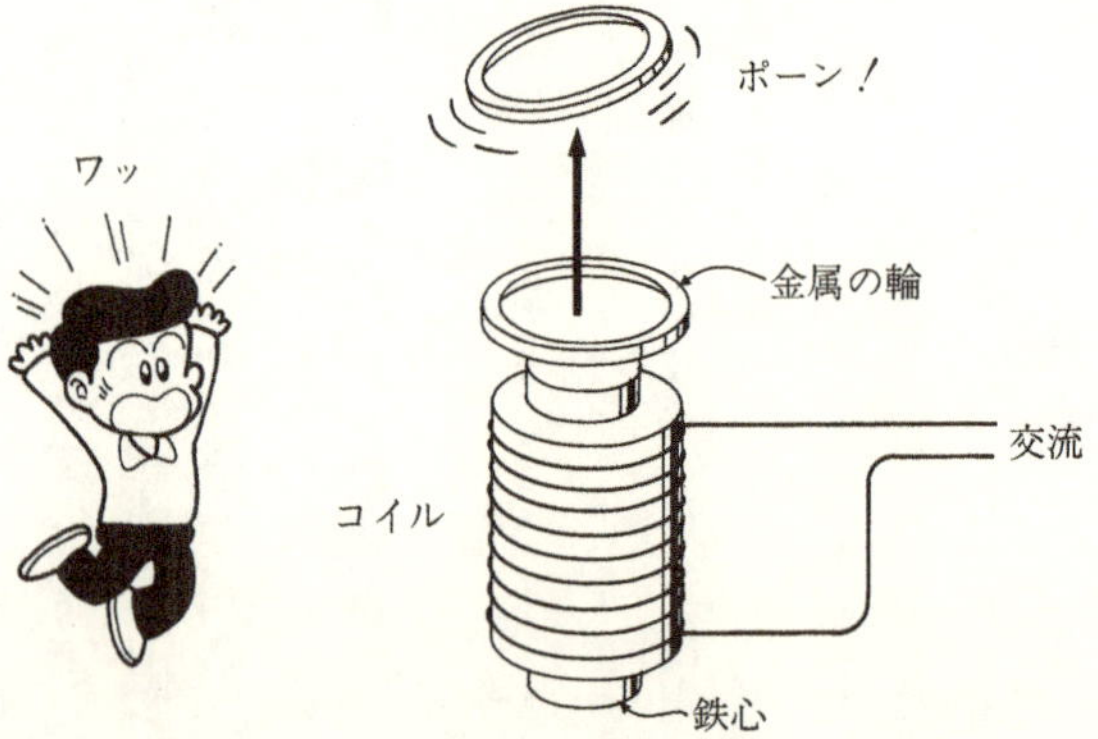

図4.11　コイルに交流を流すと金属の輪がポーンと飛び上がる

かす電磁誘導（一三三ページ）を例にとりあげて、ファラデーの発見の核心部分を考えることにしよう。

問題は次の点にある。コイルを貫く磁束が変化したとき、なぜコイルに電流が生じるのか。

「なぜといってもしかたないよ。これは実験事実なんだから」

確かに、なぜという質問はあまり適切でないかも知れない。磁束の変化が電流を作るという答えで満足するのも一つの方法である。しかし、ここを一歩つっこんで考えることによって、私たちは電磁誘導の核心に迫ることができる。

磁場と電場、どちらが原因？

コイルを貫く磁束が変化すると、コイルに電流が流れる。電流が流れるということは、コイルの導線中の電子がなんらかの力を受けて移動していることにほかならない。電子はなにから力を受けるのか、これが問題である。

これまでの私たちの知識では、電子のような電荷を持った粒子が力を受けるのは、電場からか、磁場からかのどちらかである（第2章八三ページ、第3章一二〇ページ）。ここで、二つの考え方が登場する。

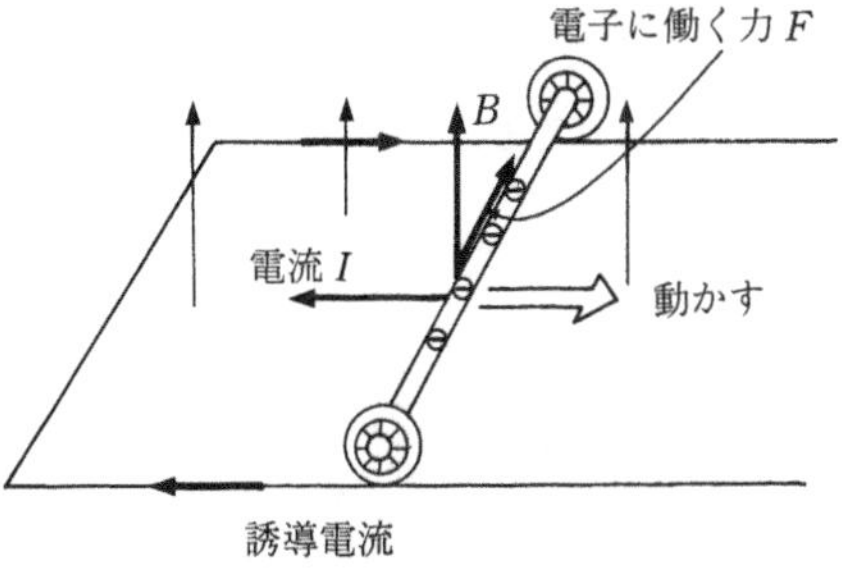

図4.12　ローレンツ力による電磁誘導の説明

A君「電磁誘導では電場は存在しないのだから、磁場から力が働いていると考えるしかないよ」
B君「ちょっと、待てよ。なにか変だな。電子が磁場から力を受けるのは、電子が運動しているときだけだよ。電磁誘導では、電流が誘導されるコイルには最初、電流は流れていないよ。だから電子は動いてないぜ」
A君「うーん。そういえば確かにその通りだ。えーと、まずレールの上を車輪が動く場合で考えてみよう」
B君「車輪が動いても、電子は動いてないよ」
A君「いや、車輪が動くと、車輪の軸の中にある電子は、軸といっしょに動くよ。図4・12でいえば、右向きだ。電子が動くから、やはり磁場から力が働くんだ」

B君「なるほど、そうすると電子にはどちら向きに力が働くんだい」

A君「電子が右向きに動くということは、左向きに電流があるのといっしょだから、例のIBの法則を使ってと……。IとBの作る平面に右ねじの平らな面を置いて、ぐるっとまわすと、車軸の手前から向こうだ。電子が向こうへ流れるから、電流は手前に流れることになる」

B君「うーむ。なかなかうまいな。確かに電流の向きはレンツの法則で求めた電流の向きとも一致している」

A君「これでやはり電磁誘導は、電子が磁場から受ける力、つまりローレンツ力（一一四ページ）で説明できるわけだ」

B君「でもなんだか変だな。ファラデーの電磁誘導の発見は、電磁気学の最大の発見といわれているものだ。それがローレンツ力で説明できるんだったら、なんにも新しい発見が含まれていないじゃないか」

A君「そういうことになるけど、しかたないんじゃない。原理はわかっていても、発電の方法を発見したんだから、ファラデーの偉大さは、別に傷つかないよ」

B君「もう一つの、輪が飛び上がる例（図4・11）も説明してみてくれよ。それが君の考えで説明できれば納得するよ」

A君「できるはずだよ。同じ電磁誘導なんだから。今度は、輪を貫く磁束が変化するわけだ。輪が飛び上がると、輪のなかの電子が磁場のなかを移動するから……」
B君「ちょっと待てよ。輪は最初、静止しているんだぜ。その状態で磁束を変化させると、誘導電流が流れるんだ。だから最初、電子は移動していないよ」
A君「うーん。これは困ったな。でも君はさっきから、僕の考えにケチをつけているばかりで、なにも説明していないじゃないか。君自身はどう説明するんだい」
B君「僕は、電子は電場から力を受けると考えるべきだと思うよ」
A君「はっはっはっ。でもよく見ろよ。電磁誘導では磁場はあるけど、電場なんてどこにもないぜ」
B君「いや、確かにはじめ電場はないけれど、新しく生まれるんだと思う」
A君「どうして」
B君「輪を貫く磁束が変化したとき、輪にそって電流が流れるんだから、輪にそって電場ができる。つまり磁束をとりまく円形の電場ができて、その電場から電子が力を受けるんだよ」
A君「どうも君は、昔から勝手に新しいことを考えて困るな」
B君「いや、これがファラデーの新しい発見なんだと思う。それに君は、この輪の電磁誘導を説明できなかったじゃないか」
A君「それは認める。しかし、君もまだレールの上を車輪が動く場合を説明していないぜ。どうなんだ」

B君「うーん。そっちの方は磁場からの力で説明できちゃったし。電場では考えにくいなあ……」

磁場の変化が電場を生む

どうもややこしいことになってしまった。A君とB君とどちらが正しいのだろうか。この答えはたいへん意外なものである。両方正しい、というのが正解である。つまり、レール上の車輪の電磁誘導は、電子が磁場から受ける力で説明されるし、輪が飛び上がる電磁誘導は、電子が電場から受ける力で説明される。

ここは、電磁気学のいちばん不思議なところである。電磁誘導という一つの現象が、場合によって、二つの別の根拠から説明されるなどということがあるのだろうか。こんな疑問が浮かぶが、事実はそうなのである。

電磁誘導現象には二つの起源がある。一つは磁場からのローレンツ力によるもの、もう一つは磁場の変化が作る電場からの力によるものである。この二つの作用が重なりあう電磁誘導もあるが、二つの作用は独立である。

ローレンツ力は、電流が磁場から受ける力として、ファラデー以前にも知られていた。したがって、ファラデーの新しい発見とは、後者のことである。ファラデーの発見によって、これまで別々に考えられていた電場と磁場がはじめて結びつけられ、電磁気学完成への道が拓《ひら》かれた。大切なのでもう一度記すと、

磁場の変化は電場を生み出す

という新しい法則が、電磁気学に付け加えられたことになる。

この法則の大切なところは、輪やコイルがなくて電流が生じない場合にも拡張できる点である。輪やコイルのない空間でも、磁場の変化は電場を生み出す。ファラデーの発見をこのように拡張して、一つの法則にまとめたのはマクスウェルである。マクスウェルは近接力の立場から、ファラデーの場のアイデアを理論化し、このような考えに到達することができた。

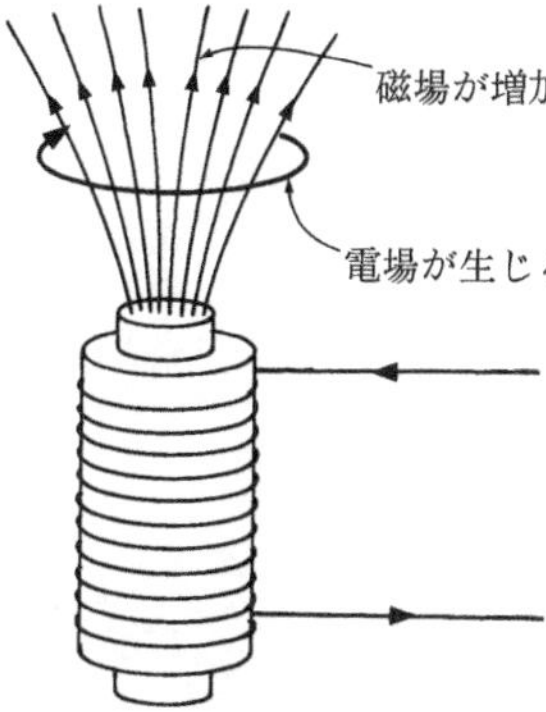

図4.13　磁場の変化は電場を生み出す

ところで、磁場の変化によって生じる電場は、電荷が作る湧き出し・吸い込み型の電場（第2章）とはそのようすが異なっている。この電場は磁力線をとりまくように生じるので、循環型である。そこで電荷の作る電場を静電場、磁場の変化が作る電場を誘導電場と区別して呼ぶこともある。けれどもこの「二つ」の電

場が電荷に及ぼす効果は、まったく同じものである。

しぶとい遠隔力

この章では、第2章、第3章で見られた遠隔力と近接力（場の立場）の論争は登場しなかった。電磁誘導は近接力による方が説明しやすい。

しかし歴史を振り返ると、ファラデーの電磁誘導の発見や、マクスウェルによる理論化が、そのまま近接力の立場の勝利をもたらしたわけではない。先に出てきたアンペールをはじめとして、遠隔力の立場から電磁気の現象を説明しようとする流れは強力であった。電磁誘導についても、ウェーバー（ドイツ）、ノイマン（ドイツ）といった優れた理論家が、遠隔力による精密な理論を作り出していた。遠隔力の理論は、電磁誘導もあくまで場の概念を使わず、電流間の直接の相互作用で説明しようとするものである。しかしこの本では、今では必要のなくなったこれらの理論にはふれないことにする。

近接力の立場——場の理論が万人に認められるようになるためには、理論の上でのもう一歩の飛躍と、実験による決定的な証拠が必要であった。この点は次の二章で明らかになる。

これで役者は勢ぞろい

まだすべての疑問が解決したわけではないが、ここまでで、電磁気の舞台の役者は全員勢ぞろいした。電磁気現象の基本法則は、これまでに出てきた法則だけである。それらをまとめなおすと、次のようになる。

まず、電場と磁場については、四つの法則がある。

第一法則　荷電粒子は湧き出し・吸い込み型の電場を作る（第２章）。
第二法則　電流（運動する荷電粒子）は循環型の磁場を作る（第３章）。
第三法則　単極の磁石は存在しない（第３章）。
第四法則　磁場の変化は循環型の電場を作る（第４章）。

次に、電荷が受ける力については、二つの法則がある。

(1)　荷電粒子は電場から力を受ける（電気力）。
(2)　運動する荷電粒子（電流）は磁場から力を受ける（ローレンツ力）。

電磁気の世界の登場人物は、電場・磁場と荷電粒子という三種類のキャラクターである。登場人物たちの行動はすべて、これらの法則で予測することができる。ただし、一つの修正を除いて。

これらの法則をよくながめてみると、一ヵ所、不自然に思われるところがある。それは、磁場から電場が作られるのに対して、逆に、電場から磁場が作られるという法則が見あたらないことである。そうすると、もう一つ新しい法則が必要なのだろうか。実はそうではなく、私たちは第二法則を修正することによって、この不自然さを解決することができる。次章ではこの問題を考え、電磁気の法則をすっかり完全なものにすることにしよう。

第5章

交流のはたらき

一、エネルギーの運び手

電気は「財物」

刑法二三五条は、窃盗について次のように規定している。

「他人の財物を窃取した者は、窃盗の罪とし、十年以下の懲役又は五十万円以下の罰金に処する」

ところでおもしろいことに、同じ刑法の二四五条には、

「この章の罪については、電気は、財物とみなす」

という注釈がある。この注釈ができたのは、次のような盗電事件があったからである。

「明治三十四年（一九〇一）十一月、横浜共同電灯会社（のちに横浜電気会社となり、東京電灯に吸収される）の需要家が一灯分の契約しかしていないのに何灯分もの電力を勝手に使用したので、会社は横浜地方裁判所に告訴した。裁判所は半年にわたって審理し、翌年七月、『重禁固三カ月、監視六カ月に処する』と判決を下した。

ところが、被告は判決を不服として、東京控訴院（現在の高等裁判所に当たる）に控訴した。

その言い分は次のようであった。

図5.1　盗電事件

『電気は電灯を明るくするけれども、それ自体は形も重さもなく、見ることも出来ない。したがって実体ではない。実体でないものを盗むことは出来ず、したがって刑法（当時の）の規定による窃盗罪は成り立たない』」（青木国夫「『電気はモノでない』」、『思い違いの科学史』朝日新聞社）。

電線のなかを流れているのが電子であることは、現在ではよく知られている。J・J・トムソン（イギリス）による電子の発見は一八九七年のことであるが、当時はまだ、電線のなかをなにが流れているかについては、物理学者のあいだでも意見の分かれるところであった。そこで、

「控訴を受けた東京控訴院は、東京帝大の田中館愛橘《たなかだてあいきつ》教授（物理学）に電気について鑑定してもらうことにした。同教授は『電気はエーテルの振動現象であって、有機体とみなせない』という結論を出したので、裁判所は

これを参考にして『電気は窃盗の対象にならない。したがって無罪』と、第一審判決をくつがえしてしまった」(前掲書)

この裁判は大審院(最高裁)にまで持ち込まれ、結局この盗電者は有罪となったが、裁判所はその理由づけに大いに苦労した。これが、「電気は、財物とみなす」という条項が付け加えられた理由である。

電流の正体が電子であるとわかっている現在でも、私たちが電力会社から受け取っているのは電子ではない。交流では、電子は電線のなかを行きつ戻りつしている。しかし、電子は海岸の波のように、大きく寄せたり引いたりしているわけではない。一アンペア程度の直流では電子は毎秒わずか〇・一ミリメートル程度しか進まない(四四ページ参照)。交流ではその向きが東日本では毎秒五〇回も変化している(西日本では六〇回)。したがって一方向に進み続けるのはわずか一〇〇分の一秒だから、単純に考えても一アンペア程度の交流では一回に〇・〇〇一ミリメートルくらいしか進まない。大電流の流れる送電線のなかでも電子は一〇センチメートル程度の振動を繰り返しているだけである。なお、交流の一秒あたりの向きの変化の回数を周波数(振動数)といい、単位はヘルツHzが使われる。

私たちが電力会社から受け取っているのは、電子の振動によって運ばれるエネルギーである。

電気はいつも運搬屋

現在の私たちの生活は電気なしには考えられないが、私たちが電気を直接「利用」することはほとんどない。電気はいつも、光（電灯）、熱（暖房、調理）、仕事（モーター）、音（オーディオ）などの形で利用されている。電気を直接「利用」するのは、私たちが感電するときぐらいであろう。

電気の多くは発電所でほかのエネルギー（水力、風力、火力、原子力など）から作られている。電気の働きとは、これらのエネルギーを発電所から家庭や工場へ運搬することである。電気がエネルギーの運搬役として便利なことは、家庭や工場で利用する膨大なエネルギーを、石油などの燃料そのままの形で運搬することと比べてみればすぐにわかる。石油などと違って、電気の場合はなに一つ重い物質を運ぶ必要がないのである。

電気はもう一つ、大切なものを運搬する。それは、音声・映像・文章などの情報である。情報については次章にゆずって、ここではエネルギーの運搬者としての電気について考えることにしよう。

交流一〇〇ボルトとは？

エネルギーの運搬役として、現在は交流が使われている。交流では、電圧と電流の大きさと向

きが周期的に変化する。電圧や電流が変化しているとすると、ふだん、

「家庭には一〇〇ボルトの交流が来ている」

というときの電圧一〇〇ボルトとは、いったいどの時点での電圧なのだろうか。また、

「交流が一アンペア流れる」

というときの一アンペアとはなにを意味しているのだろうか。

「電圧・電流の平均値を取ればいいのではないか」

と素朴に考えると、プラスとマイナスが打ち消しあって平均はゼロになってしまうことにすぐ気がつく。

「それでは、電流・電圧の最大のところをとったらどうか」

と次に考える。しかし常に一〇〇ボルトの直流と、プラス一〇〇ボルトとマイナス一〇〇ボルトの間を変動する交流を同じ電圧とみなすことには、どうも抵抗感がある。

どう決めるのか、やはり基準が必要のようだ。

「電気はエネルギーの運び手だから、エネルギーで決めたらどうだい」

その通り。エネルギーが基準にふさわしい。直流の場合、電流によって運ばれ、電球などで消費されるエネルギーを表わす式は、

$P = VI$　　消費電力＝電圧×電流

であった。直流だけではなく交流の場合にも、この式がそのまま成り立つように、交流の電圧・電流を決めればよい。交流を電球などの抵抗に流すとき、電流と電圧は常に変化しているが、各瞬間の電圧と電流を掛け合わせると図5・2(c)のようになる。電圧がマイナスのときは電流も逆向きでマイナスなので、二つを掛け合わせると、いつでも電力はプラスになる。

交流が運ぶ電力は、このグラフの平均値である。平均値は、グラフを見ると最大電力の$\frac{1}{2}$である。とすると交流の電圧・電流は最大値の$\frac{1}{2}$でよい？　いや、電力は電圧×電流である。両方を$\frac{1}{2}$にすると電力は$\frac{1}{4}$になってしまう。結局、電圧と電流おのおのの最大値の$1/\sqrt{2}$をとれば、電力は$\frac{1}{2}$になる。

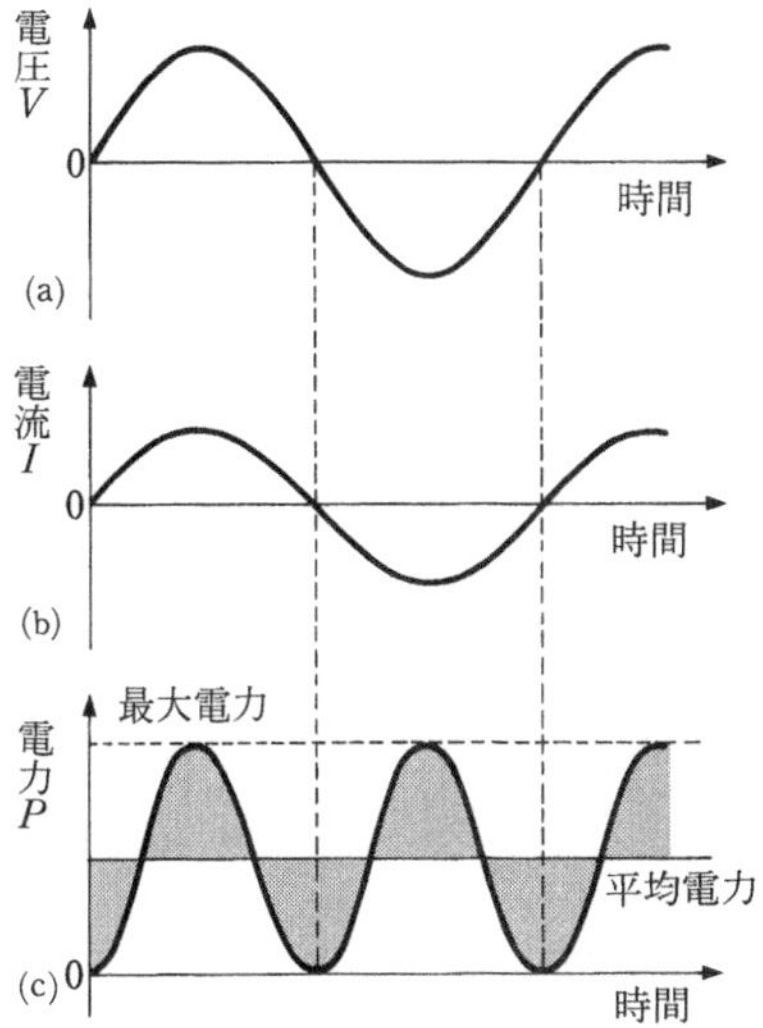

図5.2　交流の平均電力は最大電力の$\frac{1}{2}$になる

　このようにして、電圧・電流の最大値の$1/\sqrt{2}$の大きさを、交流の電圧・電流の実質的な大きさと約束すればよいことがわかった。これを、交流電圧・電流の実効値と呼ぶ。ふだん、交流一〇〇ボルトとか一〇アンペアなどとなにげなく使われているのは、この実効値である。したがって、家庭にやってくる一〇〇ボルトの交流電圧の最大値は、

$$100\times\sqrt{2}\fallingdotseq 141\text{ボルト}$$

になっている。

実効値を使えば、一〇〇ボルトで一〇アンペアの電流が流れたとき、使われる電力は交流でも直流でも同じ一〇〇〇ワットとなり、交・直の違いを気にしなくてすみ、たいへん便利である。

直流・交流論争

現在の発電・送電には交流が使われる。なぜ直流が使われないのだろうか。電力産業の発展の初期（一九世紀の後半）、交流がいいか直流がいいか、科学者や電気技術者は二大陣営に分かれて激しい論争をくり広げた。

交流を目で見る

電流は目に見えない。当然、交流が行ったり来たりしていると聞いても、あまりイメージはわかない。そこで交流を簡単に見る装置を作ってみよう。材料は発光ダイオード（ＬＥＤ）二個（たとえば赤と青）、抵抗一個（五キロオーム、一〇ワット）、割りばし一本、導線が少しと、コンセントの差し込みだけでよい。二個のダイオードを、逆向きに電流が流れるように回路につなぐのが、この装置のポイント。部屋を暗くして割

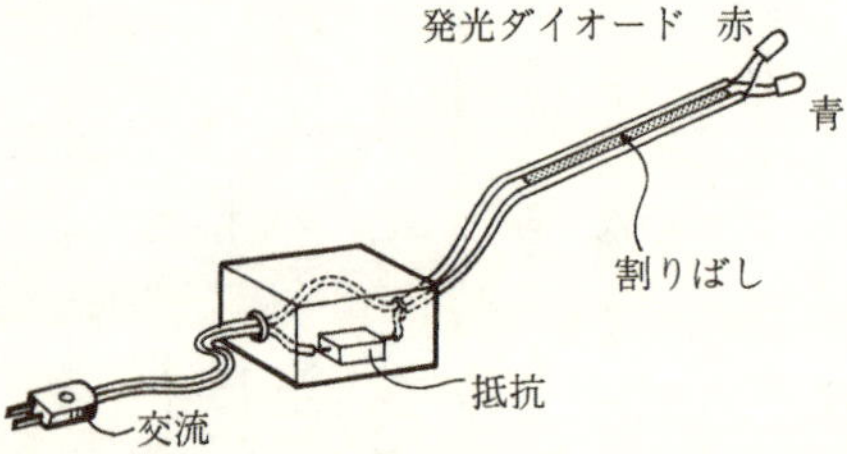

直流を支持した側には、発明王エジソン（アメリカ）をはじめ、ケルビン（イギリス）など有名な科学者・技術者がいた。

図５．３　高電圧の放電のなかで本を読むテスラ

りばしを振るとダイオードが交互に美しく光り、電流の向きが変化していることがよくわかる。

特にエジソンは、強力な直流論者であった。彼は、当時すでに直流による発電・送電システムに多くの資本を投下しており、交流システムを激しく攻撃した。そのようすは次のようであった。

「エジソンと交渉のあった技術顧問のH・P・ブラウンは法律で電気死刑に交流を採用するよう主張し、一八八九年そのためにエジソンの競争相手で交流方式を開発していたウェスティングハウスの交流機を購入するように事態を運んだ。そうしておいて、死刑に使われるほどだから交流は危険だとふれまわり法規制を求めた。またあるときはウェストオレンジのエジソンの大研究所に新聞記者や客を招き、エジソンとバチェラーが一〇〇〇ボルトの交流発電機につないだブリキ片

にイヌやネコを近づけて殺し、交流の危険性を宣伝した」(山崎俊雄・木本忠昭『電気の技術史』オーム社)

交流派も負けていなかった。交流を支持してエジソンの会社を辞めたテスラ（アメリカ）は、交流が危険でないことを示すために、高電圧の放電実験の稲妻の下に座って本を読んでみせた(図5・3の左下に座っている)。

交流の勝利

エジソンの必死のキャンペーンにもかかわらず、この論争は交流派の勝利に終わった。その理由はいくつか考えられる。発電機が自然に交流を生み出すこと、誘導モーターという優れた交流モーターがあることなどがあげられる。

しかし一番大きな理由は、交流では変圧が簡単で、高圧送電が可能なことであろう。変圧器（トランス）の原理は、ファラデーの発見したコイルとコイルの間の電磁誘導そのものである。変圧器図5・4のように、二つのコイルを一つの鉄芯に巻きつけたものが変圧器である。入力側のコイルに交流を流せば、交流は周期的に変動しているので、出力側のコイルを貫く磁束が周期的に変化し、出力側にも交流の誘導電流が得られる。入力側と出力側の巻き数が、それぞれn_1、n_2ならば、入力側と出力側の電圧の比は、

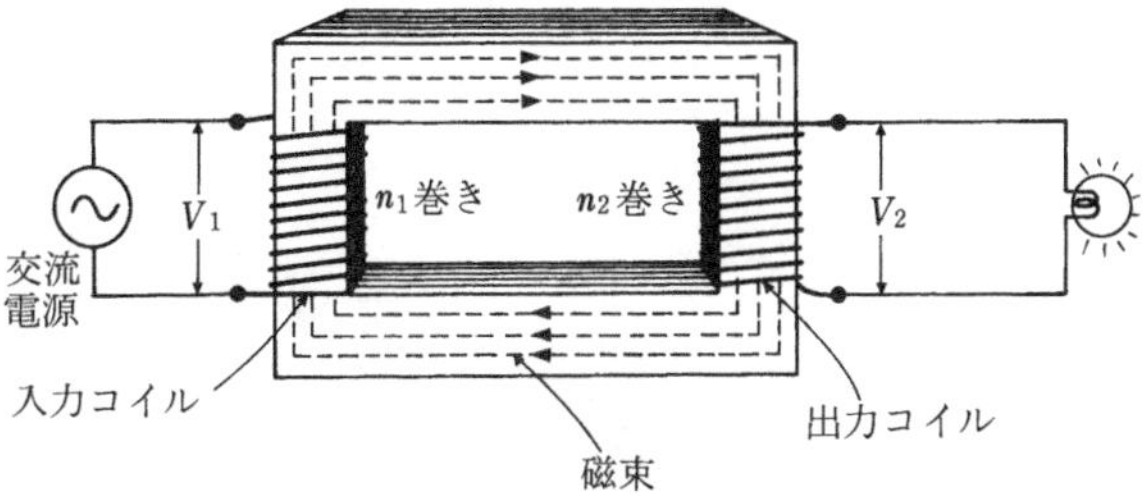

図５．４　変圧器。コイルの巻き数を変えると電圧を変えることができる

$$\frac{V_1}{V_2}=\frac{n_1}{n_2}$$

となる。コイルの巻き数を調整すれば、望みの電圧を得ることができる。直流の場合は、入力電流が変化しないので、入出力コイルの仲立ちをする磁束も変化せず、変圧器が役に立たないことは、はっきりしている。

発電所は、必ずしも電力を消費する場所に近いわけではない。遠距離の送電が必要な場合も多い。

送電の際には、送電線の抵抗によって熱として失われるエネルギーが大きな問題となる。交流では変圧器によって電圧をあげ、高電圧で送電することが可能である。低電圧よりも高電圧の方がエネルギーの損失は少ない。それはなぜだろうか。

送電線には抵抗があるので、仮に一万ボルトの電圧で発電所側から送電しても電力を受ける側では、たとえば九〇〇〇ボルトに電圧は下がる。送電線でのエネルギー損失というのは送電線での消費電力のことだから、それは、

エネルギー損失＝送電線での電圧降下×電流

と表わされる。オームの法則を使うと、

送電線での電圧降下＝送電線の抵抗×電流

となるので、結局、

エネルギー損失＝送電線の抵抗×（電流）^{2}

という式が成り立つ。

すなわち、電流が大きいほど、送電線でのエネルギー損失は大きいことがわかる。

ところで、

送る電力＝送電電圧×電流

だから、同じ量の電力を送ろうとする場合、高電圧で送るほど電流は小さい。したがって高電圧で送るほど、送電線でのエネルギー損失は少なくてすむことになる。

こうして、エジソンの時代には、彼の意に反して交流の配電システムが勝利した。しかし二〇世紀の後半になって、再び直流送電が見直されはじめたのは歴史の皮肉であろうか。

交流送電にもいくつかの欠点がある。例えば一〇〇ボルトの交流は、最大値が一四一ボルトになるので、直流一〇〇ボルトよりも絶縁を強化しなければならない。また、いくつかの発電所からの電流をあわせて送る場合、電流の変化のタイミングをあわせるのがむずかしい。

そんなわけで、現在再び直流送電が世界中で使われはじめている。日本では、北海道と本州、四国と本州を結ぶ送電線が直流送電となっていて、さらなる利用が検討されている。

二、交流回路の二人の主役

コイルは交流が苦手

交流回路では、直流回路で活躍した電気抵抗のほかに、コイルとコンデンサーが重要な役まわりを演じる。最初にこの二人の登場人物のキャラクターを分析してみよう。

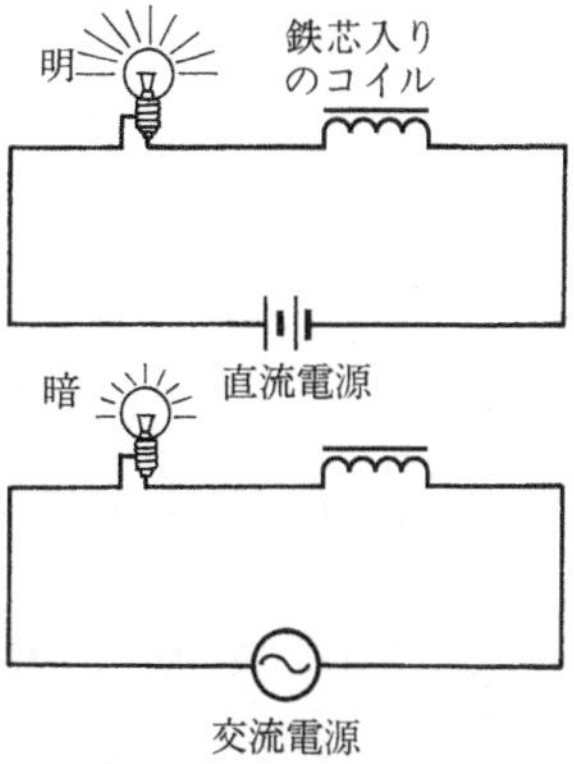

図5.5　コイルは交流を通しにくい

図5・5のように、直流電源にコイルと電球をつないだ回路を考える。コイルと直列につないだ電球はもちろん点灯する。次にこの直流電源を、交流電源に替えてみることにする。このとき、電球はやはり点灯するが、よくみると同じ電圧をかけても直流の場合より少し暗いことがわかる。

なぜ暗くなるのだろうか。交流を流してもコイルの電気抵抗が増えるわけではない。これは、電磁誘導の一種、自己誘導という現象に原因がある。コイルに交流を流すと、その電流自身が作り出すコイルを貫く磁束が、時間とともに周期的に変化する。コイルを貫く磁束が変化すると、その変化を妨げようとする誘導起電力が生じる。この場合、誘導起電力は自分自身に流れる電流が作る磁場の変化によるので、この現象は自己誘導と呼ばれる。

自己誘導は一八三二年、ヘンリー（アメリカ）によって発見された現象であるが、以上のように、コイルには電流の変化を妨げる向きに誘導起電力が発生するので、コイルは交流を通しにくい。電流の変化が速いほど、逆誘導起電力は大きいので、交流の周波数を大きくしていくと、交流はますます通りにくくなる。またコイルの巻き数を増やし、鉄芯などを入れるとコイルを貫く磁束が増えて、コイルの交流を妨げる働きはさらに大きくなる。

コイルに電流を流しておいて、スイッチを切ったとき、スイッチの接点に火花が飛ぶことがある。これも自己誘導のいたずらで、スイッチを切ったとき、急激に電流が減ろうとするので、それを妨げようと高電圧が発生するのである。この性質は、自動車のガソリンエンジンの点火のためのイグニッションコイルで利用されている。

コンデンサーは交流で活躍

コンデンサーと電球を直列にして、電池につないでおいても電球はつかない。このときは、電池をつないだ直後、短い時間だけ電流が流れるが、コンデンサーに電荷がたまってしまうと、電荷はそのまま静止状態になり、電流はまったく流れなくなる。

ところが、交流電源をつなぐと電球は点灯し続ける。その理由は次の通りである。交流では、電源の電圧がプラス→マイナス→プラス→マイナスと常に変化している。そのためコンデンサーの極板には交互にプラス・マイナスの電荷がたまる。コンデンサーの極板の間にはもちろん電流は流れないが、電球の立場からみれば、電荷が行ったり来たりするのだから、電流が流れたことになる。

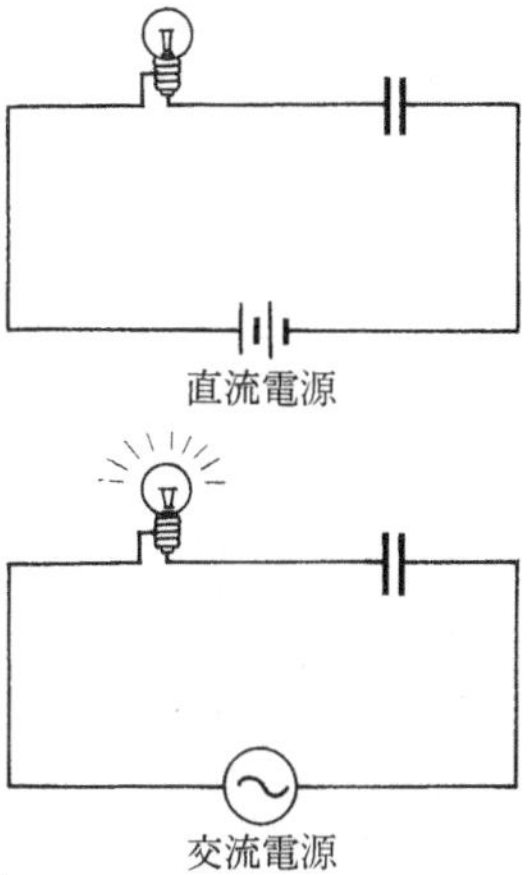

図5.6　コンデンサーは交流は通すが直流は通さない

このようにコンデンサーをつないだ回路は直流は通さないが、交流は通す。交流の周波数を高くすればするほど、電球の明るさは増す。つまりコンデンサーには周波数の高い交流ほどよく通ることがわかる。

一般に、コンデンサーにたまる電気量は、加えた電圧に比例する。すなわちV〔ボルト〕の電圧をかけたとき、コンデンサーの両極板にプラスマイナスQ〔クーロン〕の電気量がたまったとすると、

$$Q = CV$$

の関係がある。Cは一ボルトの電圧をかけたときにコンデンサーにたまる電気量で、コンデンサーの電気容量（キャパシタンス）と呼ばれ、単位はファラドFが使われる。もちろん電気容量の大きいコンデンサーほど電荷をためやすく、交流も通しやすい。

極板が離れているのに、コンデンサーが電流を通すというのは、少々不思議な気がする。極板の間の空間で、なにかが起きているのだろうか。実はこの疑問のなかに、電磁気学の最後の秘密が隠されている。この問題についてはまもなくふれる。

とりあえず、コイルとコンデンサーのキャラクターをまとめてみると、おもしろいことに気づく。

　コイルは直流をよく通すが、周波数の大きい交流ほど通しにくい。
　コンデンサーは直流は通さないが、周波数の大きい交流ほど通しやすい。

この二人の登場人物の性格はまったく正反対である。別にどちらが善玉でどちらが悪玉であるというわけではないが、この正反対の登場人物の存在が、交流の舞台を変化に富んだおもしろいものにしてくれる。

振動する回路

コイルとコンデンサーを並列につなぐと、ラジオの選局に使われる同調回路（〈プロローグ〉を参照）ができる。同調回路はなぜ選局ができるのか考えてみよう。

図５・７のように、コンデンサーと抵抗を使った回路と同調回路を並べて、二つの回路の働きを比較してみる。最初にコンデンサーを充電しておく。そうしておいてコンデンサーと抵抗（またはコイル）をつなぐスイッチを入れる。するとコンデンサーに蓄えられていた電荷が流れ出す。抵抗をつないだ回路では、電流は一気に流れ、すぐに減少して電気エネルギーは熱に変わる。これですべておしまいである。

ところが、コイルをつないだ回路ではまったく異なった現象が観測される。スイッチを入れたとき、電流が急に増えようとするのは抵抗をつないだ場合と同じであるが、今度は電流は急に増えることができない。コイルは自己誘導に

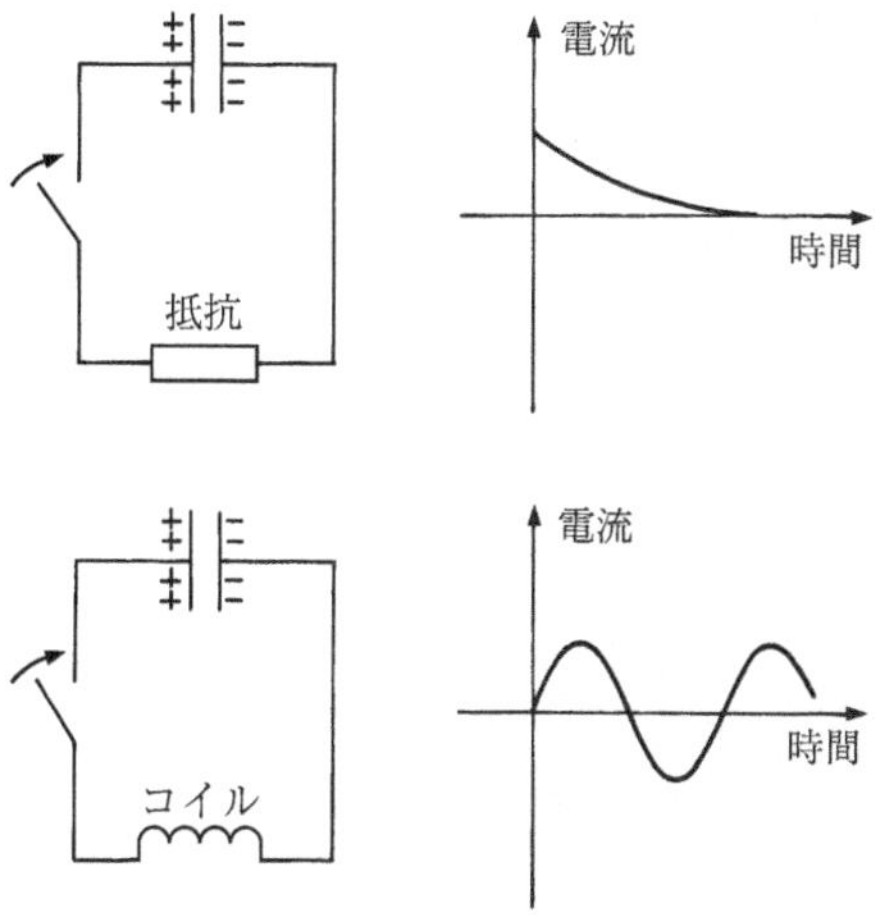

図５．７　抵抗とコイルは大いに働きが違う

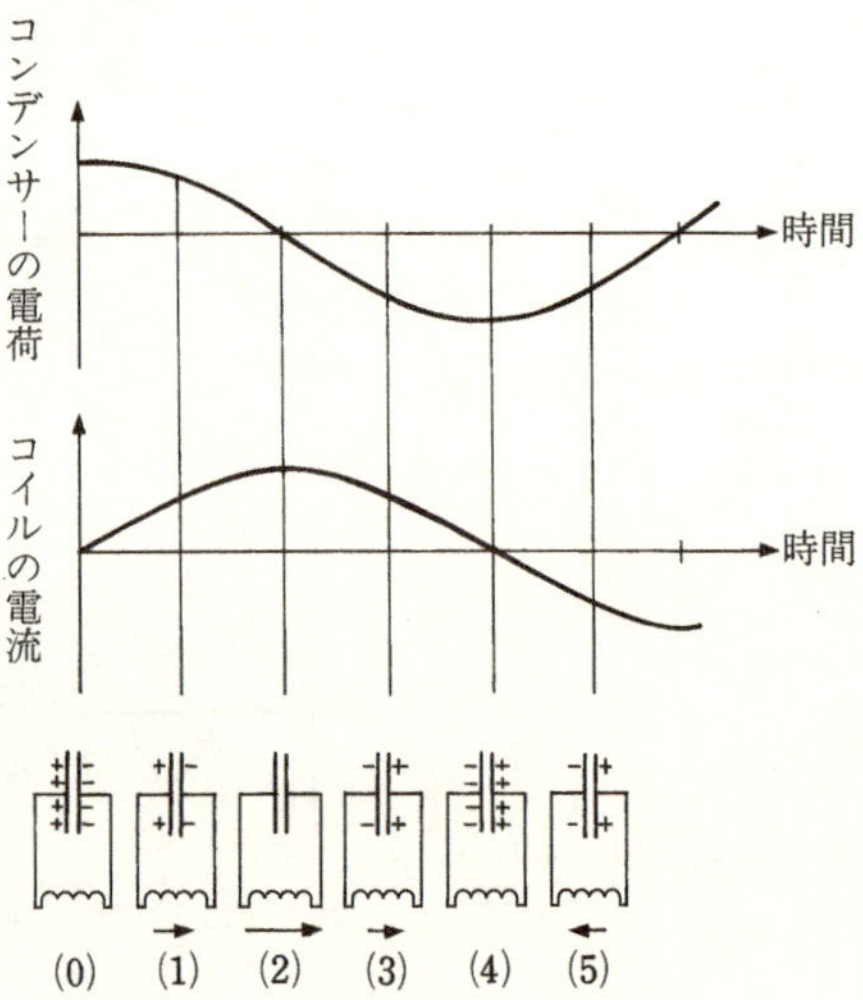

図5.8　振動回路を流れる電流

よって、電流の増加を妨げるからである。そのため、電流は図5・8の(0)から(2)のように少しずつ増加する。(2)の状態はすでにコンデンサーの電荷がなくなってしまった状態である。

コンデンサーの電荷がなくなったのだから、電流は急に止まる?　そうはいかない。急に止まれないのは自動車だけではない。電流が減ろうとすると、今度は逆にコイルは自己誘導により電流の減少を妨げようとする。そこで、電流は急に止まるのではなく、少しずつ減少する。このため、電荷がなくなったところでは電流が止まりきれずに、電荷は行き過ぎてしまって、最初の状態とは正負が逆になってコンデンサーにたまっていく。回路に抵抗がなければ、電流が止まったときには、コンデンサーには最初と同じ量の電荷が、正負逆に蓄えられている。

そして次には、今までとまったく同じことが逆向きに起こる。以下同じことのくり返しで、この回路には、行ったり来たりする電流――振動電流が流れる。そこで、この回路は振動回路と呼ばれる。これは電気のブランコのようなものである。

選局のしくみ

ブランコの振動数はくさりの長さで決まる。ギターの弦の音の高さ（振動数）は、弦の太さや長さ、弦を強く張るか弱く張るかで決まる。では電気の振動回路の周波数は、なにで決まるのだろうか。それはコイルとコンデンサーの性質で決まる。コイルが電流の変化を妨げやすく、コンデンサーが電荷を蓄えやすいほど、電流はゆっくり往復するので、周波数は小さくなる。

コイルが電流の変化を妨げる性質の大きさを表わすのに、インダクタンス（記号L）という量が使われる。またコンデンサーの電荷のためやすさを表わすのに、電気容量（記号C）という量が使われることはすでにふれた。この二つの量を使うと、振動回路に生じる電流の周波数fは、

$$f=\frac{1}{2\pi\sqrt{LC}}$$

という式で表わされる。

ラジオの選局の際には、コンデンサーの電気容量Cか、コイルのインダクタンスLを変化させ、この振動回路の周波数をそれぞれの放送局の電波の周波数に一致させる。そうすると、振動

回路は特定の放送局の電波とだけよく共振して、それを取り出してくれる。〈プロローグ〉のラジオで、二枚のアルミ箔からできているコンデンサーの向かいあう面積を変化させたのは、コンデンサーの電気容量を変化させて同調回路の周波数を調整していたわけである。

コンデンサーでなにが起きる?

ここでもう一度、電磁気学の根本問題にもどることにしよう。すでに電磁気学の基本法則はすべて出つくしている。ただし、一つだけ修正が必要なことは前にもふれておいた。コンデンサーに振動電流が流れる場合が、この問題を考えるよい機会である。

コンデンサーの極板の間には電場ができている。振動電流が流れれば、極板にたまる電荷は変化するので、この電場は変動しているはずである。このとき、コンデンサーにつながれている導線には実際に電流が流れている(すなわち電子が移動している)が、コンデンサーの極板間には電流=電子の流れはない。

まず導線部分に注目しよう。導線に電流が流れれば、そのまわりには磁場ができる。これはすでに確認されている基本法則の一つである。それではコンデンサーの極板のまわりではどうなるのだろうか。そこだけ磁場がとぎれているというのも不自然ではないだろうか。極板の間には電流のかわりに変動する電場がある。この変動する電場も、導線を流れる電流と同じように磁場を作るならば、磁場はとぎれずにすむ。

電流がないのに磁場ができるとは考えにくい。にもかかわらず変動する電場のまわりにも、電流と同じように磁場ができるという、大胆な仮説を提出したのがマクスウェル（イギリス）である。彼は磁場の原因となるのは、電流と変動する電場の二つであると主張した。

ただし、次の点に注意する必要がある。電流は、直流のように変動しない場合でも磁場を作る。しかし電場の方は、コンデンサーに電荷がたまっているだけで、電場が変化しない場合には磁場を作らない。電場から磁場ができるのは、電場が変動した場合だけである。

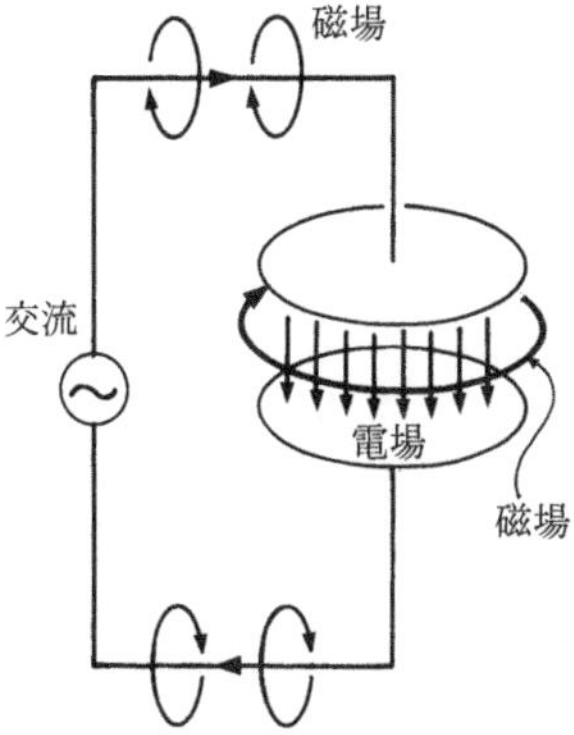

図5.9　変動する電場は磁場を作り出す

マクスウェルの修正を取り入れると、電磁気学の基本法則の一つ（第二法則）は、次のようになる。

電流および変動する電場は、そのまわりに循環型の磁場を作る。

この法則は、変動する磁場はそのまわりに循環型の電場を作るという法則（第四法則）と対をなしている。

電磁波の可能性

マクスウェルの仮説は、現在ではその正しさが確認されているが、発表当時（一八六一年）はなかなか受け入れられなかった。

この変動電場が作る磁場を直接観察することは、当時の実験技術では不可能だった。また当時は依然として、遠隔力の立場に立つ学者が大きな勢力を持っていた。

しかしマクスウェルの仮説は、電磁気学の基本法則を完全なものにすると同時に、これまで人類がその存在に気づかなかった、電磁波の存在を内に秘めたものであった。

次章では、電磁波をめぐる問題を通して、遠隔力と近接力の論争の最終的な決着を見ることにしよう。

第6章

電磁波の世界

一、電磁波の発見

宇宙からのメッセージ

人類が電波（電磁波の一種）の存在を夢にさえ見なかった太古の昔から、宇宙からの電波のメッセージは地球に降り注いでいた。宇宙の天体からの電波は、広大な宇宙について貴重な情報を与えてくれる。

太陽系の外で電波を発生している天体を電波星というが、電波星は実際には一つの星ではなくて、広がりを持ったガスや星の集団であることが多いので、電波天体とも呼ばれる。

電波天体にはいろいろな種類がある。電波といっしょに強いX線（これも電磁波の一種）を出すX線星。X線を出している天体のそばには、ブラックホールが存在するものもあると考えられている。ブラックホールの強い重力によって、星間ガスが吸い込まれるとき、X線が発生する。

同じ時間間隔で規則正しく電磁波のパルスを出し続けるパルサー。そのパルスの周期は極めて安定しており、発見されたころは、宇宙人からの信号ではないかと考えられた。

さらには銀河系のなかにあって、光よりも大量の電波を出している電波銀河。そして、宇宙のかなたで膨大なエネルギーを放出しているクエーサー。

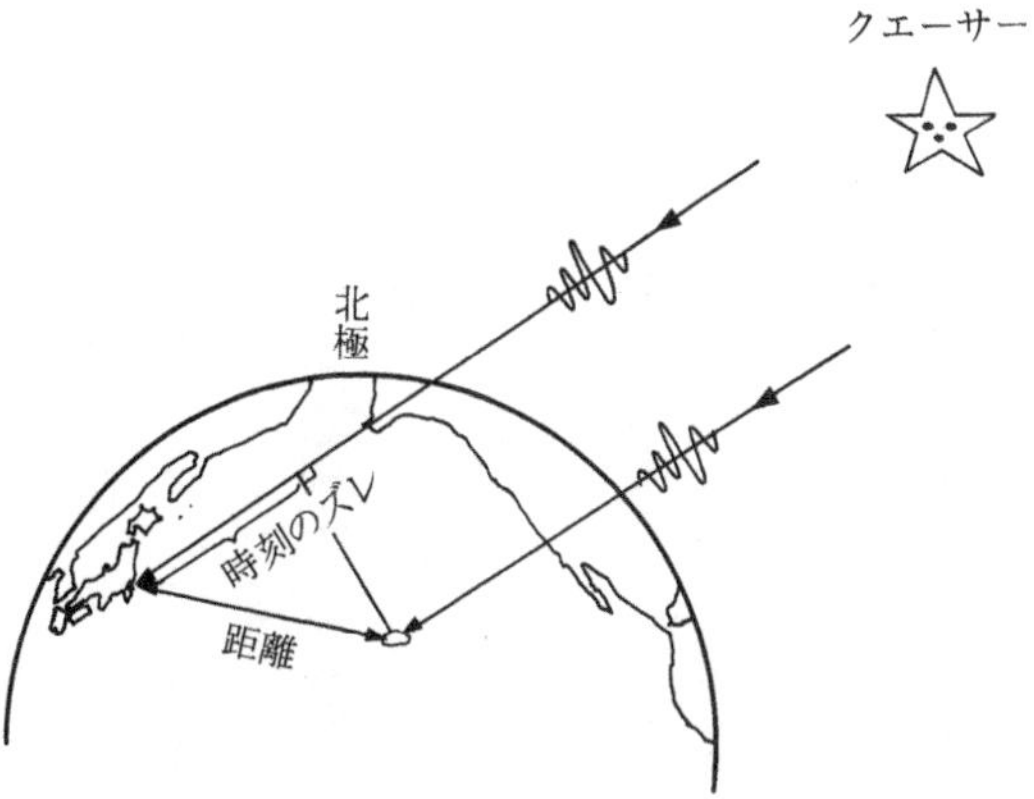

図6．1　測地VLBI。クエーサーからの電波の到達時刻のズレから距離を精密測定する

これらの電波天体には、まだまだ未知の要素がたくさんある。電波望遠鏡は、これまでの光学望遠鏡とは違った電波の目を通して、宇宙の新しい姿を明らかにしつつある。

星からの電波の効用はこれだけではない。ウェゲナーの主張した大陸の移動が実際に起きていることが、クエーサーからの電波によって直接確認されている。たとえば、ハワイが毎年約六センチメートルずつ日本に近づいていることが、図6・1のようなシステム（測地ＶＬＢＩという）で観測されている。測地ＶＬＢＩは地球上の二つの地点の間の距離を、クエーサーからの電波の到達時刻のズレから測定する。その誤差はわずか数ミリメートルという驚異的なものである。

なお、ＶＬＢＩは、超長基線電波干渉法の英語の略である。

マクスウェルの予言

電波がテレビ・ラジオをはじめとして、通信手段としてあらゆるところで活躍していることは、現代人なら誰でも知っている。しかし、電波は目で見ることも手で触れることもできず、実感としてはつかみにくい。なんとかその存在をはっきりとつかめないだろうか。そしてまた、目に見えない電波は、どのようにして発見されたのだろうか。

電波（正確には電磁波）の発見は、人類に新しい通信手段をもたらすと同時に、遠隔力と近接力の論争に決着をつけ、電磁場の存在を万人の前に明らかにした。この発見には、マクスウェル（イギリス）の理論的な考察と、ヘルツ（ドイツ）の実験が決定的な役割をはたした。

電磁波の存在を理論的に導き出すのに、新しい法則はいらない。これまでの法則で十分である。マクスウェルが新たにつけ加えた「電場の変化は磁場を作る」という法則と、電磁誘導で明らかにされた「磁場の変化は電場を作る」という法則を組み合わせるだけでよい。

この二つの法則は、にわとりが卵を生み、卵がにわとりになる、にわとり→卵→にわとり→卵→……と同じ形をしている。もしはじめどこかに電場の変動があれば、それは磁場の変動を作り出す。すると今度は磁場の変動が電場の変動を作り出す。電場→磁場→電場→磁場→……、こうして電場と磁場が交互に相手を作り出しながら、空間を伝わっていくはずである。

マクスウェルは、以上のような推論によって、電磁波の存在を予言した。さらに彼は電磁波の

伝わる速さを理論的に計算し、それが、

3×10^8m/s（30万km/s）

であることを示した。

この電磁波の速さは、どこかで見たことのある値である。そう、光の速さと同じなのである。

この速さの一致から、マクスウェルはさらに一歩ふみ出して、

光とは、この電磁波の一種である

という仮説を提唱した。これが有名な、マクスウェルの光の電磁波説である（一八六一年）。

図6.2　電磁気学の体系を作りあげたマクスウェル（1831～1879年）

ジェームズ・マクスウェルはこんな人

ジェームズ・クラーク・マクスウェル（一八三一～一八七九年）は、ファラデーが電磁誘導を発見した年に生まれた。彼は下層のファラデーとは対照的に、イギリス北部スコットランドの領主の息子であった。

エジンバラ中等学校に入学したマクスウェルは、はじめはあまり成績の良くない生徒だった

が、まもなく頭角を現わした。わずか一四歳のときに、卵形図形の描き方についての論文を著わし、それがエジンバラ王立協会の聴衆の前で読み上げられた。彼はとりわけ数学に優れた才能を示し、ケンブリッジ大学卒業時には、数学分野の最高の栄誉、スミス賞を受賞した。彼のこの数学的能力は、ファラデーの磁力線・電気力線の概念を理論的に取り扱うために不可欠のものであった。

マクスウェルは、遠隔力の理論家たちによって無視され続けてきたファラデーの場の概念を救い出そうとした。物体が、離れたところの別の物体から、なんらの媒介をへないで力を受けるということは、彼には信じられないことであった。彼の言葉を引用しよう。

「われわれは、ある物体がほかの物体に離れていて作用するのを観察する時、その作用がじかに直接的に行なわれていると考えるより前に、それらの物体間に何か物質的なつながりがないかどうか探すのが普通である。もし物体が、糸とか軸とか、または、一物体の他の物体に対する作用を説明するに足るような何らかのメカニズムでつながっているのを見出すと、われわれは、離れていてじかに作用するという考えをとり入れるよりむしろ、それらの中間的な環によってその作用を説明するほうを選ぶ」（カルツェフ『マクスウェルの生涯』東京図書）

ファラデーの電磁場の概念を理論化するには、数学だけではなく、電磁場をイメージできる具体的なモデルがどうしても必要であった。たとえば彼は、電流のまわりの磁場を理解するのに流体のうず糸とうず巻きの流れのモデルを使った。また電磁誘導を説明するためには、歯車を組み合わせたモデルを使った。これはアナロジー（類推）という方法である。彼はいう。

「物理的概念を組立てるのには、物理的類推（比較）の存在に馴れなくてはならない。物理的類推という言葉のもとに、私は、二つの何らかの現象領域で、法則の部分的な類似を考えている。この類似のために、一方の領域が他の領域のための図解として役に立つのである」（前掲書）

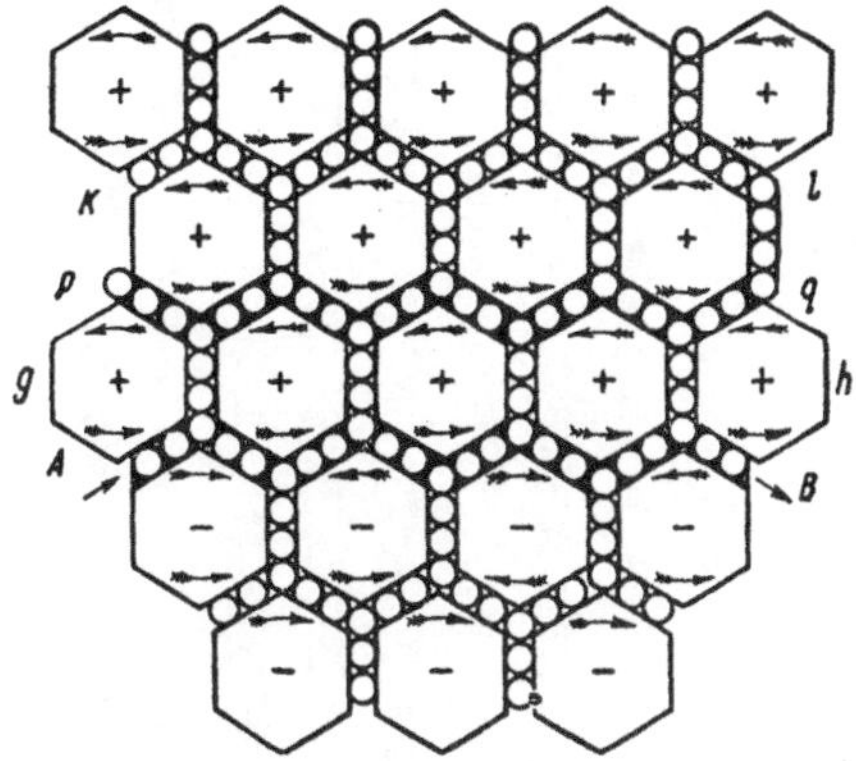

図6.3　電磁現象を説明するマクスウェルのモデル

こうして、流体や歯車のモデルを利用しながら、マクスウェルは電磁場をすべて数学的な方程式で正確に表わすことに成功した。しかし彼は、このとき利用したモデルを絶対視したわけではない。それは電磁気理論を組み立てるための足場であった。理論の組み立てが終わったあと、彼はその足場を取りはらった。こうしてでき上がった電磁場の理論から、彼の予言は生まれたのである。

マクスウェルの予言は、実際たいへん大胆なものであった。なぜならば、その当時、「電場の変動が磁場を作る」という彼の仮説自体が、いまだ実験で検証されていなかったからだ。マクスウェルは、その未確認の仮説の上に電磁波の存在を予言し、光はこの未確認の電磁波の一種であると主張したのである。

マクスウェルは自分の理論と予言に自信を持っていたが、大部分の学者たちはこれを好意的には受けとらなかった。そのころ、遠隔力の理論はちょうど全盛期にあり、電磁場（近接力）の立場に立つマクスウェルはたいへん孤独であった。当時第一級の科学者であったポアンカレ（フランス）でさえ、

「マクスウェルの体系は、奇妙で、そのうえ、きわめて複雑なエーテル構造を予想しているので、あまり惹きつける所がない」（前掲書）

といった。マクスウェルの期待に反して、電磁波の存在は彼の生存中には確認されなかった。しかし、マクスウェルの電磁場の理論は、もっとも厳しい試練、すなわち時間の試練に耐えて、現在まで生き残った。

決定実験の条件

雷が鳴ったときや、蛍光灯のスイッチを入れたとき、ラジオに雑音が入ることがあるのは、電磁波のいたずらである。私たちの身辺には、いつでも電磁波が飛びかっている。

しかし電磁波の存在を、誰が見ても疑いの余地のないように実験で立証することは、そうたやすいことではない。

たとえば、電磁波の発見者ヘルツ（ドイツ）は、最初のころの実験で、図6・4のような発信器の金属球の間に電気的な火花を飛ばして、離れたところにある受信器にも火花が飛ぶことを確認している。しかし、発信器と受信器で火花が飛ぶのは、同時であった。本当は同時ではないのかも知れないが、時間のズレは観測できない。

これでは、遠隔力の考えを完全には打破できない。発信器側の電流が、受信器に直接電流を引き起こしているのかも知れないからである。マクスウェルの予言する電磁波の速さは3×10^8m/sもあるのだから、実験室内で時間の遅れを観測するのは極めて困難なことであった。

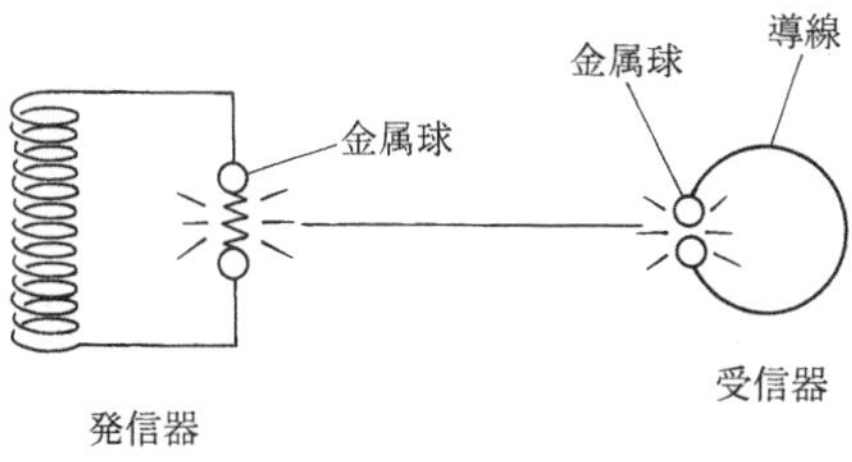

図6．4　ヘルツの電磁波実験装置

電磁波の存在をはっきり証明するには、少なくとも次の二つのことを確認する必要がある。

一、電磁波が空間を有限の速さで伝わること。

二、空間に電場と磁場（たとえばその強弱）が実際に存在する

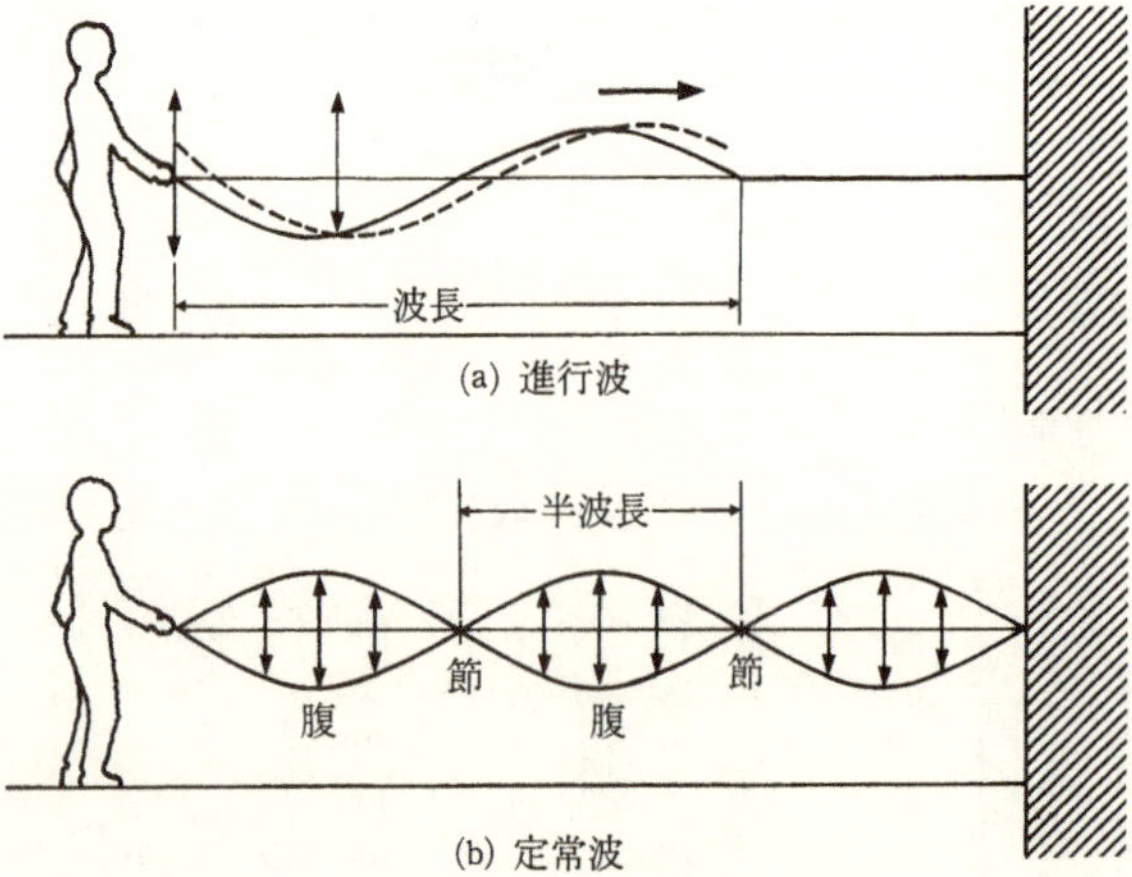

図6.5　進行波と定常波

こと。

この二つの条件を満たしたのが、ヘルツの実験である。

進まない波――定常波

マクスウェルによれば電磁波とは電場と磁場の波であるが、ここでまず、波というものに共通する性質を確認しておこう。

ロープの一端を壁に固定して、もう一方の端を手でつかみ、ロープを振ってみる。すると、山や谷が手から壁の方へと伝わる（図6・5(a)）。このように波形が移動する波を進行波という。これがふつう私たちが頭に描く波である。波を伝えるロープを波の媒質というが、波を考えるとき一番大切なことは、波の山や谷は移動していくが、ロープ（媒質）は同じ場所で振動をくり返すだけで、決して移動しないことである。ロープが移動しないのに山や谷が進行していくのは、ロープの振動が先の方ほど遅れて起こるからである。

ところで、このような進行波とはようすの異なる波も存在する。壁に固定されたロープを振動させる周期をうまく調節すると、図6・5(b)のような波ができる。この波は、手から壁へ進む波と、それが反射して壁から手へ進む波が重なりあってできるもので、右へも左へも進行せず、同じところで振動する。このように進行しない波を定常波という。ギターやピアノの弦には、実際このような定常波が、いくつも重なりあって存在している。

電磁波のスピードは極めて速い。したがって、ロープの場合と違って、進行波を観測するのはたいへんむずかしい。しかし、電磁波を反射させて、定常波を作ればどうか。定常波では波は移動せず、振動の最も大きい所（腹《はら》という）とまったく振動しない所（節《ふし》という）がある。この電磁波の定常波を作ってそれを観測しようというのが、ヘルツのアイデアである。

さらに、図6・5の定常波のでき方を見ると、その節と節との間の距離は、もとの進行波の波長の半分、つまり半波長になっていることがわかる。したがって、節の間の距離を測定すれば電磁波の波長がわかる。一方、発信器の電気振動の周波数は、振動回路の理論から計算できる（一七一ページ）。

そこで、

波の速さ＝波長×周波数（＝1個の波の長さ×1秒間に通過する波の個数）

という関係を利用すれば、電磁波の速さを実験で確認することができる。

ヘルツの実験

ヘルツの実験のしくみをもう一度くわしく見てみよう（図6・4）。発信器は高電圧の振動回路である。接近させた金属球がコンデンサーの極板に相当し、その間の電場の変動が電磁波を発生させる（この際、球の間を飛ぶ火花は、空気中を交互に流れる振動電流であるが、これは必ずしも必要ではなく、電場の変動があれば電磁波が発生する）。

受信器もまた簡単なもので、円形の導線の両端に二つの金属球を接近させてとりつけたものである。この受信器も、形はずいぶん異なってはいるが、実は振動回路と同じものである。二つの金属球がコンデンサーの極板にあたり、導線の部分がコイルにあたる。ただしこれは巻いていないコイルである。

発信器に火花を飛ばすと、受信器側にも火花が飛ぶことはすでに確認されている。ここでヘルツは、壁につないだロープのときと同じように電磁波を反射させるために、発信器と向かいあう位置に金属板を置いた。こうすれば、発信器と金属板の間に電磁波の定常波ができるはずである。

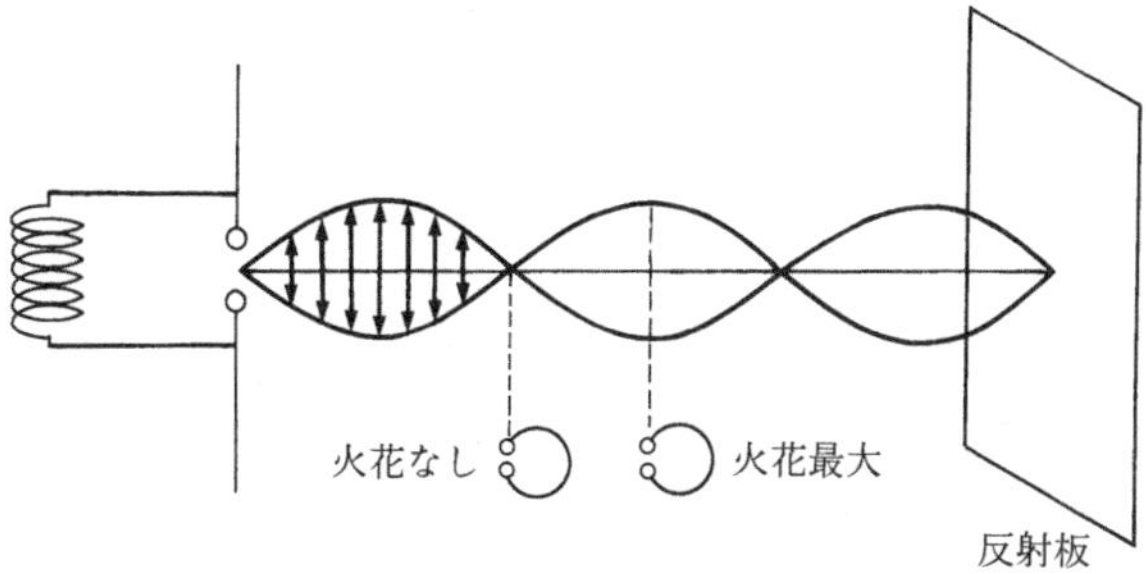

図6.6　定常波による決定実験

ヘルツは、受信器を発信器と反射板の間のいろいろな位置におき、火花の飛びぐあいを調べた。すると彼が予想した通り、受信器の位置によって、火花が強く飛ぶところと、ほとんど飛ばないところが観測され、定常波の腹と節が確かに存在することがわかった。彼は定常波の節と節の間の距離（半波長）を測定し、そこから電磁波の速さがマクスウェルの予言通り3×10^8m/sであることを確認した。こうして、ヘルツは空間に電磁場の強弱が存在し、それが有限の速さで伝わること（電磁波の存在）を万人の前に明らかにしたのである。

ヘルツの電磁波発見のニュースは、新聞でも大きくとりあげられ、ただちに世界中に広まった。時に一八八八年、人類はこれまでまったく知らなかった電磁波の存在を確認したのである。こうして、電磁波を利用した無線通信の時代の幕が切って落とされた。マルコーニ（イタリア）とポポフ（ロシア）がそれぞれ独立に無線通信の実験に成功したのは、一八九五年のことである。

ヘルツの実験は同時に、空間に電場・磁場が存在することを万人の前に明らかにし、遠隔力と近接力の論争に最終的な決着をつけたのである。

光と電波、どこが違うか?

電磁波が確かに空間に存在することを確認したヘルツは、マクスウェルのもう一つの仮説、光の電磁波説の正しさも明らかにした。彼は電磁波の速さが、光と同じ3×10^8m/sであることに加えて、電磁波が反射や屈折など光と同じ性質を示すことを確認した。

こうして、光は電磁波の一種であることがわかり、これまで別々に進められてきた光と電磁気の研究の流れは、ここで一つに合流することになった。

ここで電磁波と電波という二つの言葉の区別についてふれておこう。電磁波という言葉は、すべての波長の電磁場の波を指す。一方、電波という言葉はふつう、電磁波のうちの波長が長く、通信に使われる部分の呼び名で、その範囲は、波長が〇・一ミリメートルくらいまでである。

電磁波の速さは波長にかかわりなく一定なので、速さ＝波長×周波数　の式より、波長が短い電磁波ほど周波数が大きいことがわかる。

目に見える光（可視光）と、目に見えない電波とは波長が違う。光は電磁波の一種であるが、通信などに使われる電波にくらべて波長がずっと短いのである。現在では、波長の違う電磁波が

名称		波長	周波数	利用の例
電波	VLF（極長波）	100〜10km	3〜30kHz	
	LF（長　波）	10〜1km	30〜300kHz	電波時計，電波航法
	MF（中　波）	1000〜100m	300〜3000kHz	AMラジオ
	HF（短　波）	100〜10m	3〜30MHz	遠距離ラジオ，船舶・航空機用通信
	VHF（超短波）	10〜1m	30〜300MHz	FMラジオ
	UHF（極超短波）	100〜10cm	300〜3000MHz	テレビ，携帯電話，電子レンジ
	SHF	10〜1cm	3〜30GHz	レーダー，衛星テレビ
	EHF	10〜1mm	30〜300GHz	衛星通信，天体観測
赤外線		1mm〜780nm		赤外線写真，熱線診療
可視光線		780〜380nm		光学器械，光ファイバー通信
紫外線		380〜10nm		殺菌，医療
X線		10〜0.001nm		X線写真，医療，材料検査
ガンマ線		0.1nm未満（おもに放射性原子核から生じる）		材料検査，医療

図6.7　いろいろな電磁波（$1\mathrm{nm}=10^{-9}\mathrm{m}$，$1\mathrm{kHz}=10^{3}\mathrm{Hz}$，$1\mathrm{MHz}=10^{6}\mathrm{Hz}$，$1\mathrm{GHz}=10^{9}\mathrm{Hz}$）

さまざまな目的のために利用されている。そのようすを図6・7にまとめておこう。なお、図のなかのMはメガ、Gはギガ、nはナノと読む。

電磁波の伝わるようすは波長の長短に関係する。一般に、波が障害物の陰にまわり込む現象を回折《かいせつ》というが、波長の長い波ほど回折の効果は大きい。電磁波も同じで、AMラジオに使われるMF（中波）は回折しやすく、山の陰などにもまわり込むが、テレビに使われるUHF（極超短波）は回折しにくくなり（つまり直進性が増し）、山やビルの陰には届きにくくなる。

電磁波の発生のメカニズム

電磁波の存在を実証したヘルツは、次にその発生のメカニズムの解明へと歩を進めた。電磁波を発生させるには、電場と磁場を変動させる必要がある。では、最初の電場と磁場の変動はどう作り出されるのか。

電場と磁場の源となるのは電荷を持った粒子である。しかし荷電粒子が静止しているときは、静的な電場しか作らない。また荷電粒子が等速で運動しても電磁波は発生しない。それは、一定の強さの直流電流（等速で運動する荷電粒子の集まり）が時間的に変化しない磁場しか作らないことから推測できる。電流が変化する、つまり荷電粒子の速度が変化し加速度のある運動をするときにはじめて、電磁場の変動が作られ、電磁波が発生する。

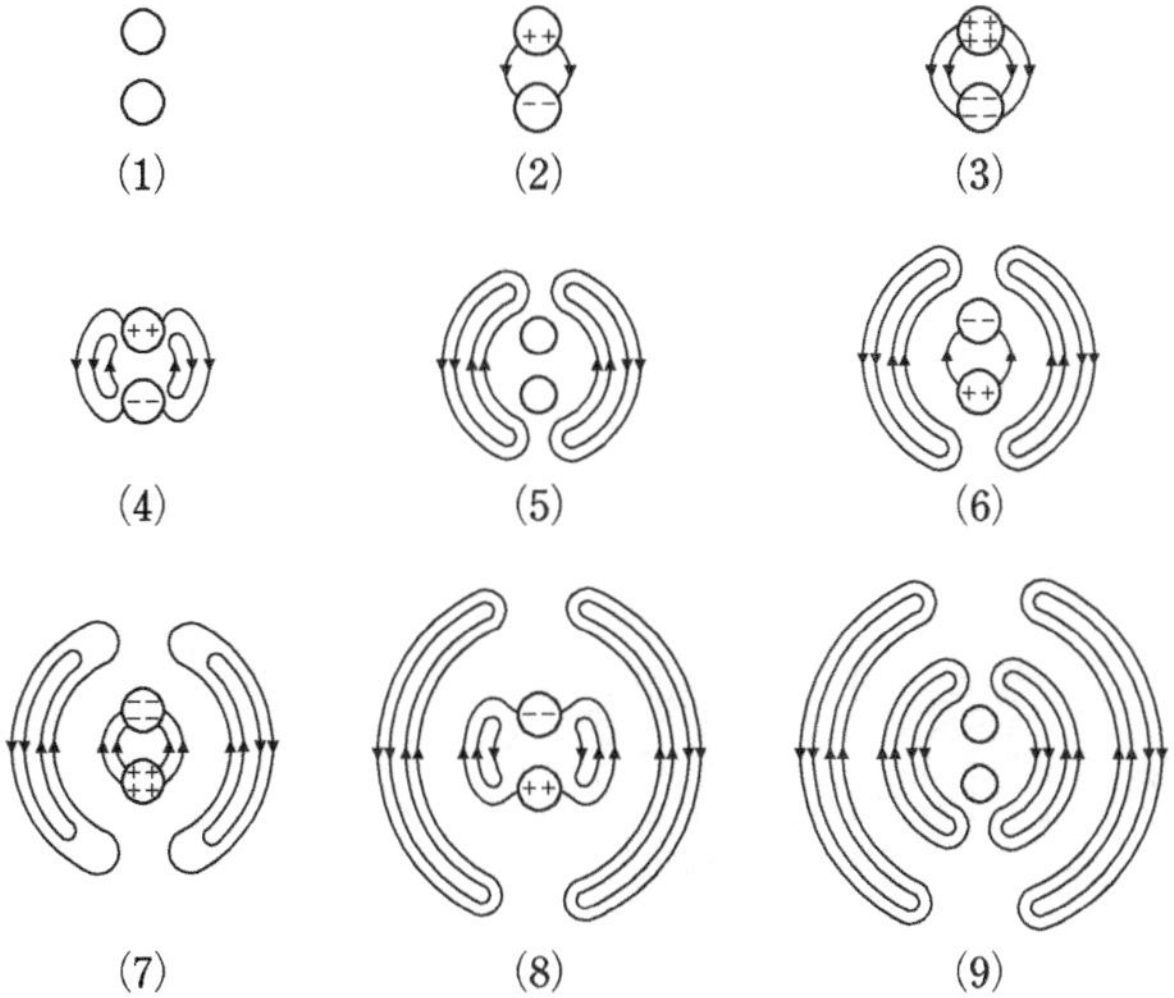

図6.8(a)　電場の広がり方

もう一度ヘルツの装置をくわしく見てみよう（図6・4）。ヘルツの発信装置の核心は、二つの金属球を接近させておき、その金属球の電気量を交互に変化させるところにある。金属球の電気量を交互に変化させるためには、振動回路の作る交流が利用されている。金属球に出たり入ったりする電子の加速度運動が電磁波の原因となる。これが電磁波の発生の基本となるメカニズムである。

マクスウェルの理論によれば、電磁波は電場と磁場が互いに相手を作り出して進むものであるが、ここではその結果として、電場と磁場がそれぞれどのような形で進んで行くのか、球形に広がるそのようすを見ることにしよう。

図6・8(a)に描かれているのは、紙面と一

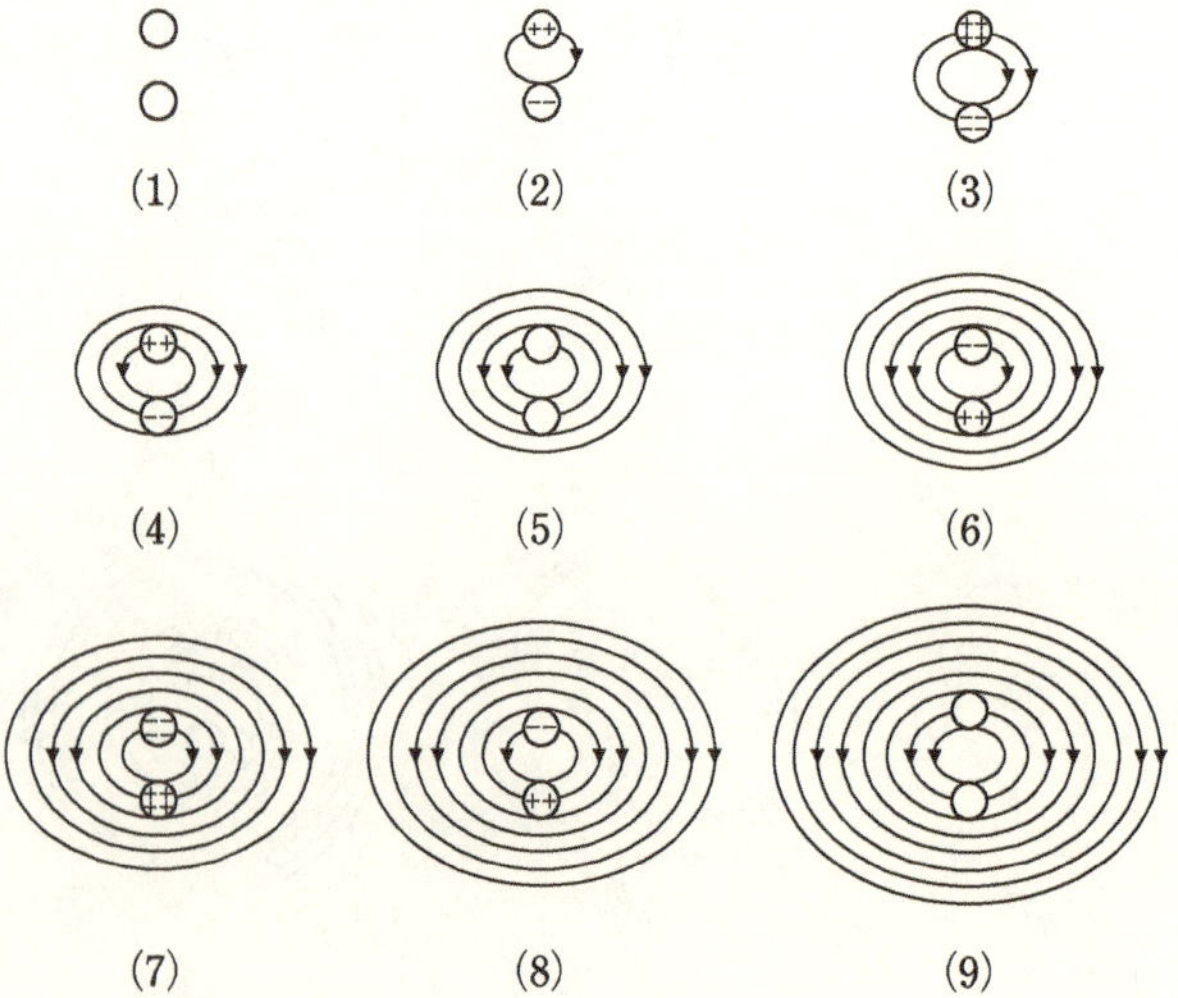

図6．8(b) 磁場の広がり方

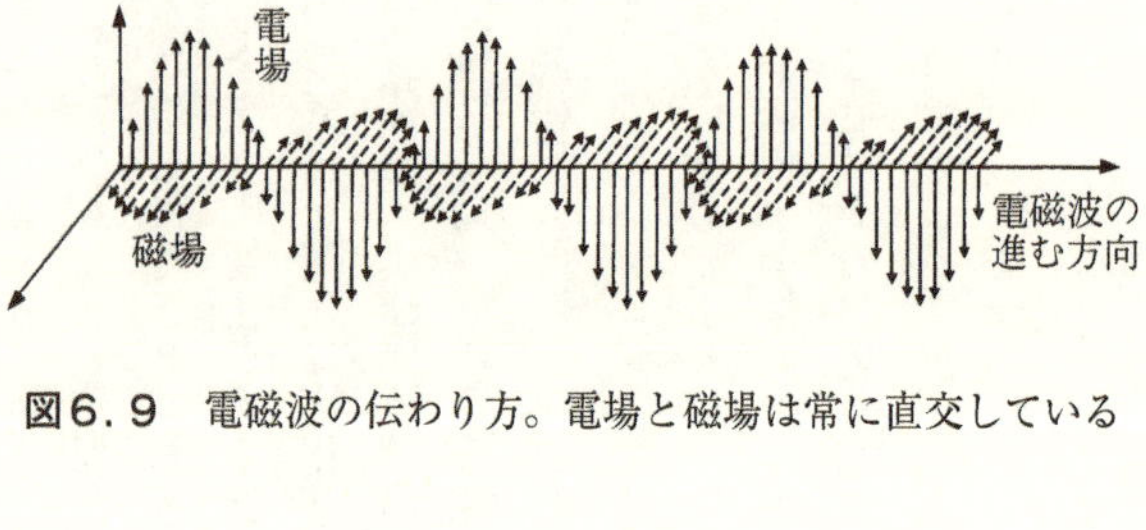

図6．9 電磁波の伝わり方。電場と磁場は常に直交している

致する断面上での電場のようすである。(1)から(3)のように、上の金属球にプラス、下の金属球にマイナスの電荷がたまっていくと、下向きの電気力線が増加していく。(3)から(5)では上下の金属球の電荷は減少していき（これも電荷の加速度運動による）、今度は上向きの電気力線ができてくる。

このとき(1)から(5)でできた電気力線は金属球の間から押し出され、シャボン玉のように金属球から離れていく。続いて(5)から(7)では金属球には最初と逆の電荷がたまっていき、上向きの電気力線がさらにできる。この電気力線は、先にできていた電気力線のあとに続いて広がっていく。以下同じことのくり返しで、電気力線が空間に広がっていく。

次に図６・８(b)を見ながら磁場のようすを考えよう。金属球の間の電場が変動すると、円形の磁力線ができる（マクスウェルの理論による）。金属球の間の電場の向きが周期的に変動すると、磁力線の向きも右まわり左まわりと交互に変動する。この磁力線も、次々に外側へと広がっていく。金属球の中心を横切る水平面上では、磁力線のようすはちょうど水面に石を落としたときの円形の波紋に似ている。

ここで紙面上を水平に右向きに進む電場と磁場に注目しよう。そのようすは金属球から離れたところでは図６・９のようになっている。電場と磁場の振動方向は互いに直交しており、どちらも進行方向に垂直である。つまり電磁波は進行方向と振動方向が垂直な横波であり、音波のような進行方向と振動方向が同じ縦波ではない。

電磁場はエネルギーを持つ

電磁波の発見は、電場・磁場の存在を明らかにするとともに、電場と磁場がエネルギーを持つことも同時に示した。

太陽の光は私たちの地球を暖め、植物は光合成によって光のエネルギーを栄養分に変える。可視光よりも少し波長の長い赤外線は熱線とも呼ばれ、赤外線こたつなどの暖房に利用される。可視光よりも波長の短い紫外線は、殺菌作用があり、日焼けの原因になる。さらに波長の短いX線は、人体を透過し、そのようすを明らかにする。X線やγ（ガンマ）線のように波長が短くなるほど電磁波の作用は強くなり、細胞に悪影響を与え、生物や人間にとって危険となる。

電磁波はその源がなくなっても、空間に存在できる。一九八七年地球上の天文台は、地球から一七万光年はなれた大マゼラン星雲で、一つの星が大爆発を起こし、その生涯を終えたことを観測した。私たちの地球では、この星の爆発による電磁波を一九八七年に受け取ったのであるが、実際の爆発は一七万年前に起きている。爆発によって星が散り散りになってしまっていたとしても、電磁波は一七万年のあいだ、宇宙空間を進み続けたことになる。このように電磁波、つまり電場と磁場は、その源となる物質がなくなっても、それとは独立に空間に存在できるものである。つまり自然界は、物質粒子と場という二種類の存在から構成されていることになる。

電子レンジのメカニズム

電磁波のエネルギーを直接利用しているのは電子レンジである。電子レンジはジュール熱を利用する電熱器や、電磁誘導を利用するＩＨ調理器とはその働き方が異なる。

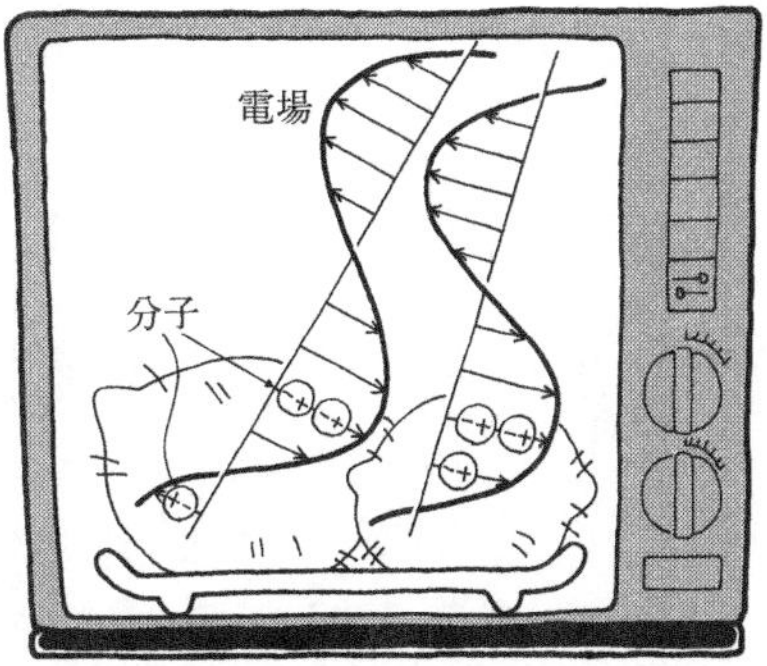

図6.10　電子レンジ。電磁波の電場の振動で水の分子を回転させ，食物を内部から温める

電子レンジのなかにはマグネトロンという電磁波の発信器があり、そこから波長約一二・二センチメートルのマイクロ波と呼ばれる電磁波が出る。電子レンジのなかに食物を入れると、食物のなかの分子は、マイクロ波の激しく振動する電場にさらされる。電場のなかに分子が置かれると分極という現象を起こすことは第2章（六四ページ）でふれた。とりわけ食物中の水の分子は、自然の状態で分極しており、マイクロ波の電場の向きが激しく変動するのに共振して回転する。このため、食品中の分子が激しく運動する。この分子の運動が熱であり、運動が激しくなるほど食品の温度

携帯電話の電磁波で「通勤電車の中」＝「電子レンジの中」？

このような、新聞の見出しをかつて見た記憶がある。これは、携帯電話の電磁波の話である。ほとんどの人が携帯電話を使うようになって、電車の中には携帯電話がいっぱいある。このような見出しが現れた一因は、この携帯電話が利用しているマイクロ波と呼ばれる電磁波の周波数が、電子レンジが利用しているそれと近いからである。電子レンジの利用する電磁波の周波数は二・四五ギガヘルツ。携帯電話の電磁波は八〇〇メガヘルツ、一・五ギガヘルツ、二ギガヘルツである。満員電車の中では多くの携帯電話のためにマイクロ波が飛び交う。さらに、電車は金属で出来ているので、中に入ったマイクロ波は反射して、内部に閉じこめられるというのである。

「携帯電話は人体に有害かどうか」という問題は以前からあり、実は現在でも結論が出たとは言えない。仮に、電子レンジの中に人が入ったとしてスイッチをオンにすればたいへんなことになる。ただ、携帯電話が利用する電磁波の周波数は電子レンジに近いが、その強さは電子レンジに比べ極めて弱い。だから、だいじょうぶという考えもあるが、通話のとき、マイクロ波が脳の近くを通るので危険だという考えもある。また、被曝量が少ないからといって、生体への影響のあり方はいろいろあり、単純に考えてはいけないという説もある(例えば電磁波も環境ホルモンのようにはたらくという説)。

電磁波は周波数が低いほど人体への危険性は少ない。にもかかわらず、携帯電話にはなぜ、高い周波数が割り当てられているのだろうか。それには二つ理由がある。一つは、情報がたくさん送れること、もう一つは、アンテナが短くてすむことである(二〇七ページ参照)。一・五ギガヘルツの携帯電話のアンテナは一〇センチメートルくらいである。
ともあれ、このような問題は、さまざまな公害物質、環境ホルモンや放射性物質の人体への影響などと同じように、科学がなかなかとらえきれない、いわば科学が苦手とする問題の一つである。こうした問題には注意した方がよいというのが歴史が教えるところである。

が上昇する。こうして食品は、こげ目もつかず内部から温められることになる。

二、情報の運び屋

アナログ方式の代表、AMとFM

電磁波の応用の代表はもちろん、無線通信やラジオ・テレビ放送である。電磁波はその上に音や映像などの情報を乗せることができる。情報の乗せ方には、AM、FMというアナログ方式とデジタル方式がある。

AMとは振幅変調という意味で、最初のラジオ放送はこの方式ではじまった。AM方式では図6・11のように、音声の信号を一定の周波数の波と合成し、振幅に大小を与える。こうして振幅に与えられた音声の情報を、受信器で取り出すメカニズムは〈プロローグ〉のところで説明したのでおわかりと思う。AMラジオのダイヤルや液晶画面を見ると、その周波数は五三〇～一六〇〇

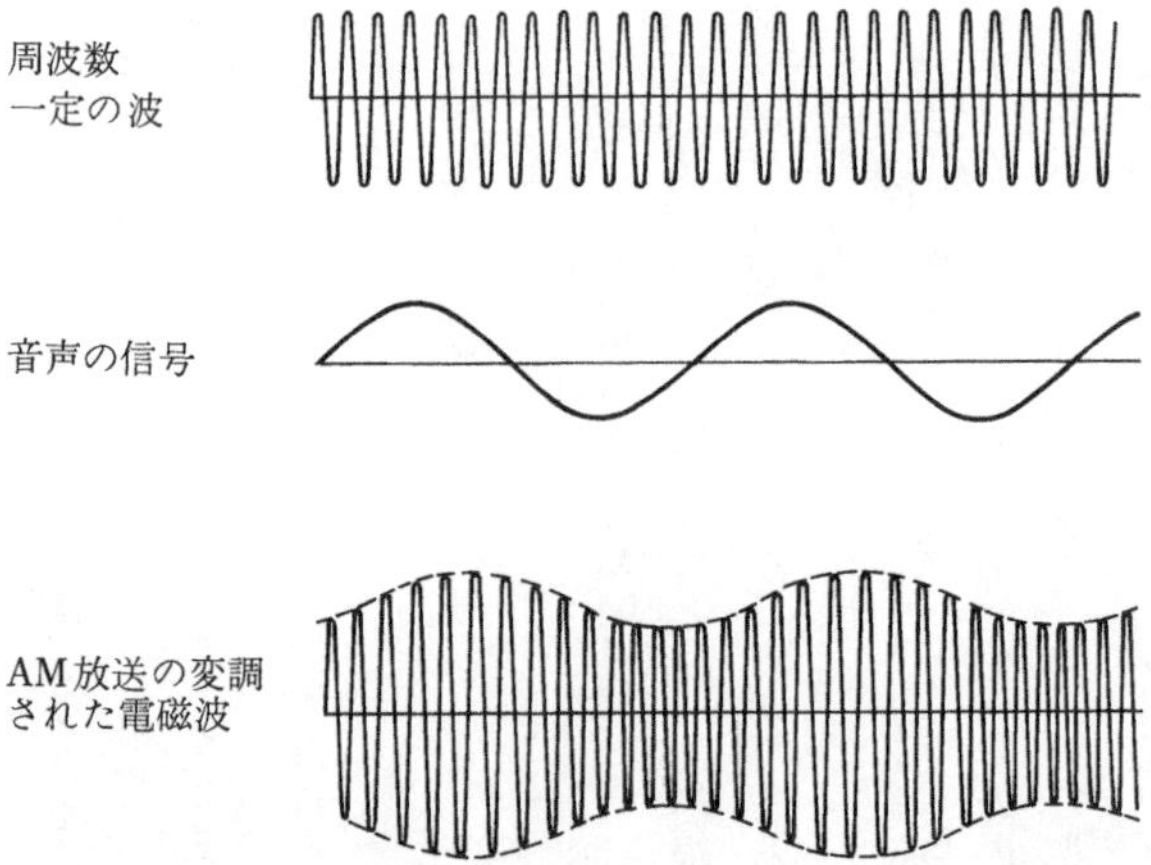

図6.11　AM放送では電磁波の振幅に音声を乗せる

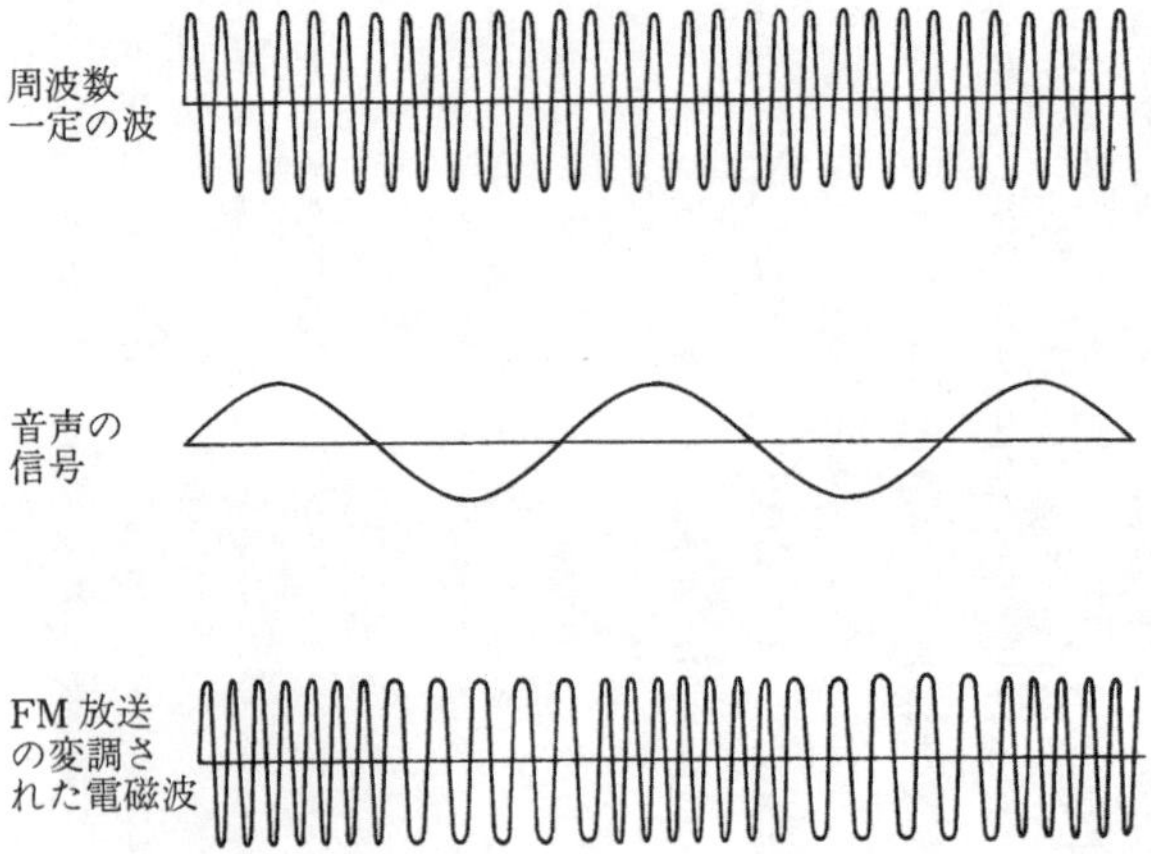

図6.12　FM放送では電磁波の周波数に音声を乗せる

○キロヘルツとなっている。この電波の波長は五七〇～一九〇メートルくらいでかなり長い。

一方、FMというのは、周波数変調のことである。FM方式では図6・12のように音声情報を電磁波の周波数の変化で表現する。FM放送はAM放送にくらべて雑音が少ない。FMラジオのダイヤルや液晶画面を見ると、その電波の周波数は七六～九〇メガヘルツとなっている（一メガヘルツは一〇の六乗ヘルツ）。その波長は四～三・三メートルでかなり短くなる。またアナログ方式のテレビの音声もFM方式で送られてきたが、VHFでその周波数は九〇～二二〇メガヘルツ、波長は三・三～一・四メートル、UHFで周波数は四七〇～七七〇メガヘルツ、波長は六四～三九センチメートルである。アナログ方式のテレビ放送は二〇一二年に終了した。それにかわる地上デジタル放送ではUHFが使われている。こうした電波の波長はのちにふれるアンテナの長さに関係して

ラジオを水に浸けると

ラジオを水に浸けるといっても、もちろんそのまま浸けるわけではない。ラジオのスイッチを入れたまま、ビニール袋に入れて水の中に浸けるのである。水の中でも、ラジオは聞こえるのだろうか。実際にやってみると、浅い所ならラジオは聞こえる。しかし、だんだん深く沈めていくとラジオは聞こえなくなる。電波は水が苦手で、水に吸収されやすい。深く潜っている潜水艦とは電波では交信できない。

ではラジオを金網でくるんだらどうなるだろうか。このときもラジオは聞こえない。金属は電波をさえぎる。

ほかのものはどうだろう。ガラス・紙・布などいろいろためしてみよう。

くる。

デジタル通信の時代

ＡＭやＦＭのようなアナログ方式の情報の運び方に対して、急速に発達したのが、デジタル通信の方式である。

デジタル方式は、ＣＤやＤＶＤの形で身近に利用されている。電話の回線でも、光ファイバーの利用とともに、アナログ方式からデジタル方式への転換が進められた。

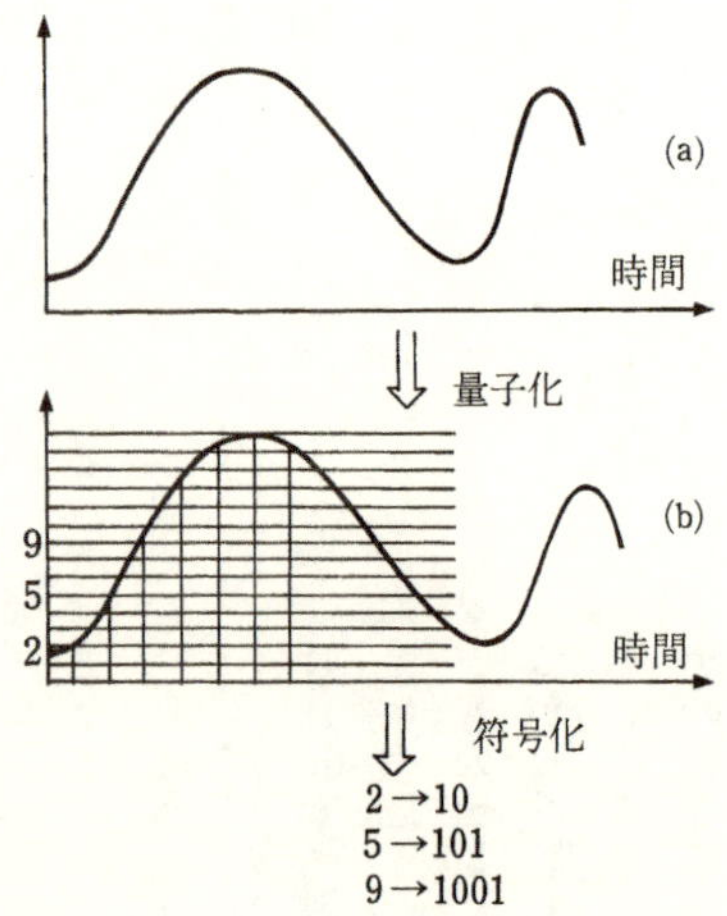

図6.13　ＰＣＭでは情報を２進数にして送る

デジタル方式の代表はＰＣＭと呼ばれる。ＰＣＭとはパルス符号変調のことで、ＡＭ、ＦＭと同様、情報の表現（変調）法の名称である。

ＰＣＭ方式では図6・13のように、情報(a)を、(b)のように一定の時間間隔ごとに分け（これをサンプリング、標本化という）、整数値として読み取る（これを量子化という）。次にこの整数値を十進法の数値から二進法の数値へと変換する（これを符号化という）。このようにして、情報は最終的には二進数、つまり0と1の数字の列となってしまう。このような数字の列は、ＤＶＤ

上の凹凸や、ハードディスク上のN極・S極のかたちで保存することができる。

0と1に符号化された情報を電磁波に乗せれば、デジタルの無線通信となる。デジタル無線通信ははじめのころは、宇宙探査船による惑星の映像の送信に利用されていた。そして、一九八七年に開始された衛星テレビ放送では、音声がこのPCM方式で送られはじめた。

なお衛星テレビの電波の周波数は約一二ギガヘルツ（一ギガヘルツは一〇の九乗ヘルツ）、波長は約二・五センチメートルという短いものである。

デジタル通信は急速に利用が広がっている。この方式は雑音にきわめて強い。その強さの秘密を二つあげてみよう。一つは、PCM方式で送られる信号は0と1の二種類しかないことである。もし雑音によって1の信号が0.8になっても、受信側は1とみなしてよいし、0の信号が0.1になっても0とみなすことができる。

さらに、PCM方式では、情報を伝える途中で情報の脱落が起きても、受信側でこれを訂正して正しい情報にもどすという、手品のようなことができる。これを誤り制御方式というが、わかりやすくいうと次のような方法と同様な原理が利用される。たとえば、2、1、3という情報を送るとする。そのとき、この三つの情報のほかに、2＋1＋3＝6というもう一つの情報をつけ加えて送る。そうすると、情報が受信側に到着するまでに、たとえば2という情報が脱落していても、□＋1＋3＝6という式からこの2を受信側で再現できるというわけである。

地上デジタル放送

デジタル方式の一つの応用で、私たちに大きな影響を与えたのは、地上デジタル放送であろう。日本では二〇〇三年に一部の地域で開始された地上デジタルテレビ放送は二〇一二年、東日本大震災のため延期された東北三県も含め全国で、アナログテレビ放送にとってかわった。そのメリットは次のように説明される。

一、デジタルハイビジョンのきれいな映像が見られる。それは、走査線が従来のテレビが五二五本であるのに対して一一二五本で二倍以上、横方向の画素は五三三から一三〇四となるからである。

二、アナログの画面が四対三の比であるのに対して横長の一六対九となる。こちらの方が人間の視界にあっており、迫力も増す。

三、CD並みの高音質を聞くことができる。

四、地域のニュース、気象・災害情報などのデータを送る放送が可能になる。

五、EPG（電子番組ガイド）という文字番組表が使える。一週間の番組表をリモコン操作で見ることができ、番組予約も可能となる。

六、字幕放送がふつうに見られる。

七、双方向のコミュニケーション（クイズ番組参加、テレビショッピングなど）ができる。
八、マルチ編成―ハイビジョン一チャンネル分でアナログ放送の同じ画質の二、三チャンネルの番組を同時に放送可能である（例えば、メインチャンネルでドラマを、サブチャンネルでスポーツ中継を）。
九、映像の劣化や画面の乱れがない。

また、「ワンセグ」といわれるものも、もともと二〇〇六年に始まった携帯端末向けの地上デジタル放送である。なぜワンセグと呼ばれるのだろうか。地上デジタル放送は電波を一三帯域（セグメント）に分割して送るが、そのうちの一帯域を使うためである。移動中でもとぎれず見ることができ、消費電力も小さい。携帯電話、携帯音楽プレーヤー、電子辞書などで受信されている。パソコン用の外付けチューナーを利用するとパソコンでも視聴・録画できる。

「なぜアナログからデジタルに替えたのか」という疑問もあるだろう。デジタルの方が同じ周波数帯域で多くの情報が送れるからである。電波の周波数帯域は限られていて、軍事利用も含めてたいへん混雑している。この電波の混雑の緩和もデジタル化の一つの理由であろう。

半波長アンテナとは？

話が少し先走ってしまったが、ここで電磁波の発信、伝わり方、受信のしくみを、もう少しく

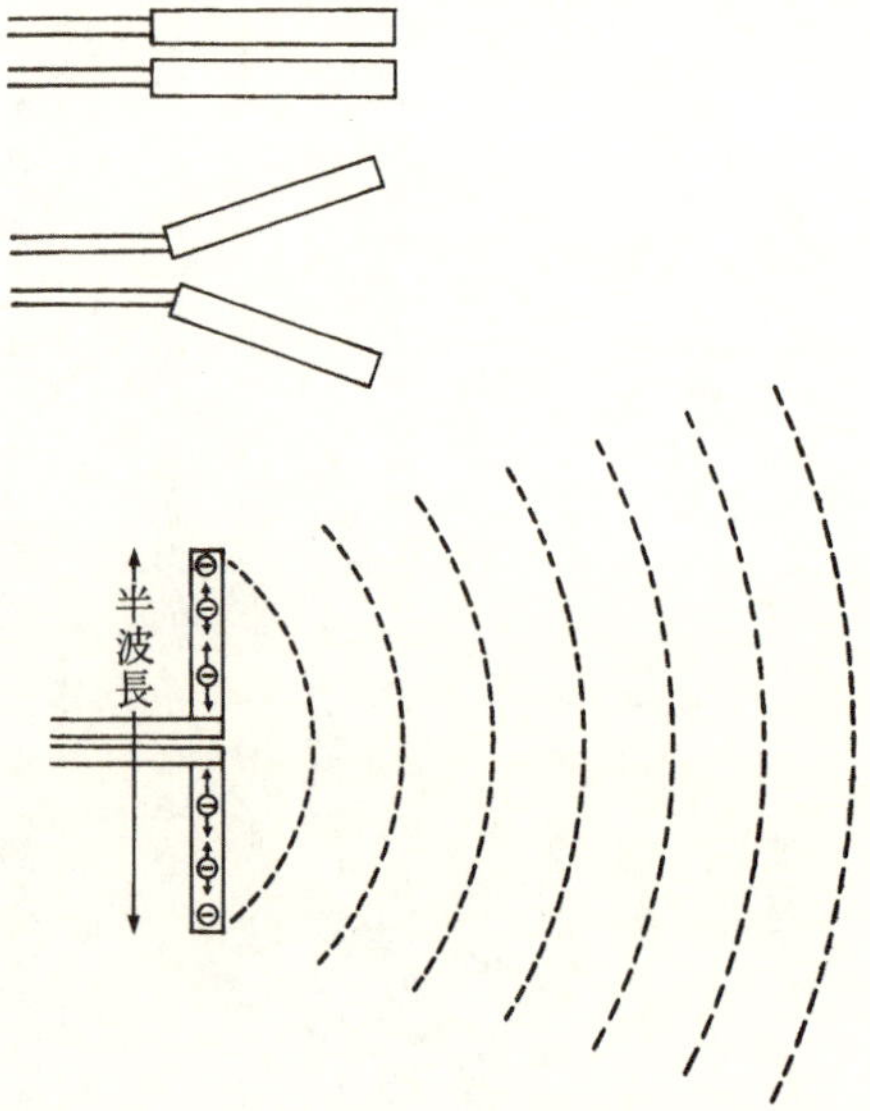

図6.14　半波長アンテナ。定常波を利用して効率よく電磁波を放射する

わしく見ることにしよう。まず発信のしくみから。

電磁波の発信にはアンテナが使われる。ヘルツが利用した二つの金属球からの電磁波の放射をダイポール（双極）放射というが、この放射の効率を改良したのが、半波長アンテナである。アンテナとはもともと昆虫の触角のことであるが、半波長のアンテナは触角とよく似た形をしている。このアンテナは図6・14のように、コンデンサーの極板を一直線になるように開いてしまったものと考えることができる。

半波長アンテナの特徴は、その名の通り、アンテナの長さを、放射し

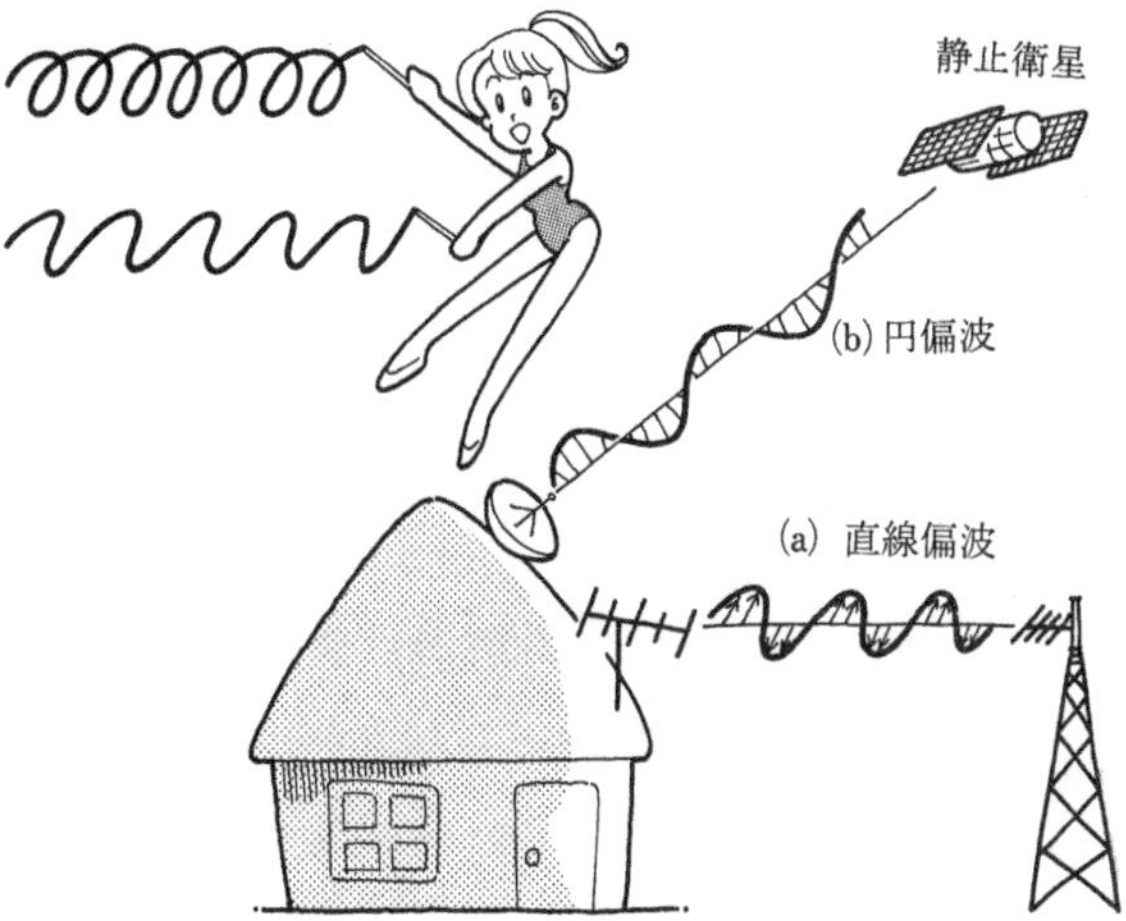

図6.15　直線偏波と円偏波

たい電磁波の波長の半分にしてあるところにある。半波長になっているのは、アンテナを流れる振動電流、すなわち電子の振動が定常波を作るようにするためである。ヘルツの実験の際に説明した定常波の話を思い出していただきたい。定常波一個の長さは波長の半分になるので、半波長のアンテナには、ちょうど電流の一個の定常波ができる。短いアンテナほど、波長の短い定常波ができるので、短波長（すなわち高周波数）の電磁波を放射する。これは、管楽器の短い管ほど高い音（高い振動数の音）を出すのとよく似ている。

電磁波の伝わり方

アンテナから放射された電磁波は、速さ3×10^8m/sで空間を伝わって行く。そのようすは

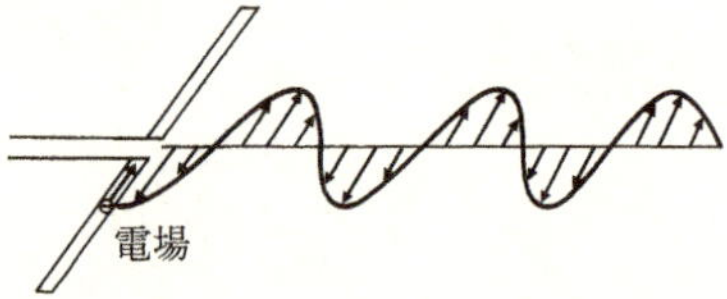

図6．16　半波長アンテナ。電場の振動が電子を振動させる

電磁波の放射のされ方によっていろいろである。

ＵＨＦテレビの電磁波は図６・15(a)のように電場（あるいは磁場）の振動方向が、常に一つの平面上にある。このような電磁波を直線偏波という。そのようすは、新体操の選手がリボンを上下なら上下というふうに、決まった方向に振ったときにできるリボンの波と同じである。

一方、リボンを円形に振ると、リボンにはらせん状の回転する波が伝わっていく。これと同じように、電場と磁場が回転しながら伝わっていく電磁波を作ることもできる。このような電磁波を円偏波（図６・15(b)）というが、衛星放送テレビではこの円偏波が使われている。円偏波には右まわりと左まわりがあり、受信側でこれを区別できるので、混信をさけるのに都合がよい。実際、日本の衛星放送では右まわりの円偏波が使われることになっており、お隣の大韓民国には、左まわりの円偏波が割り当てられている。

電場から電流を作り出す受信アンテナ

アンテナから放射され、空間を伝わってきた電磁波を受信するには、同じようにアンテナが用いられる。

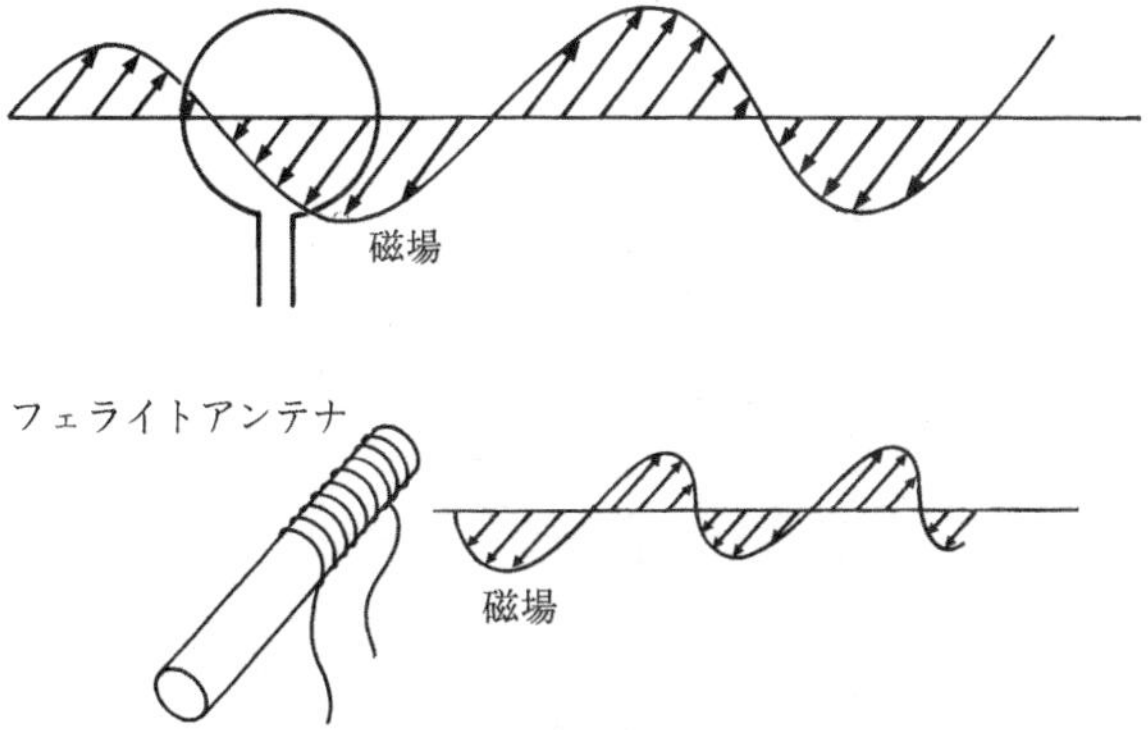

図6.17　磁場の変動から電流を得るアンテナ

受信アンテナにもいろいろな型があるが、基本的なものはやはり、半波長アンテナで、テレビのアンテナがこのタイプに属する。半波長アンテナは、電磁波の電場と磁場のうちの電場の方から電流を作り出そうというアンテナで、「荷電粒子は電場から力を受ける」という基本法則を利用している。電磁波に対して図6・16のようにアンテナを向けておけば、アンテナのところでの電場の振動が電子の振動を作り出し、アンテナに電流が生じる。

アンテナの長さを半波長にする事情は、発信の場合と同じように、受信したい電磁波からアンテナに電流をうまく生じさせるためである。アナログVHFテレビでは波長が三・三〜一・四メートルなので、アンテナは長いもので一・五メートルくらい、アナログ、地上デジタル放送でも使われているUHFテレビでは波長が六〇〜四〇センチメートルくらいなのでアンテナは三〇～二〇センチメートルくらいである（アナログ放送は二〇一一年廃止、VHFの電波はFM放送の拡充や防災無線なども含めて、より広範囲な利用が計画されている）。できれば一度屋根の上などのアンテナを見ていただきたい。

もう一つのタイプ、磁場から電流を得るアンテナもよく利用される。ループアンテナと呼ばれるものがそれである。もっとも簡単なループアンテナは、一巻きのコイルである。これを図6・17のように電磁波に向けると、コイルを貫く磁場の強さが変化する。このため電磁誘導の法則によって、コイルに誘導電流が生じる。携帯用ラジオに入っているフェライトアンテナも、同じく電磁誘導の法則を利用している。このアンテナではコイルの巻き数を多くし、さらにフェライトという強磁性

非接触ICカード―自動改札機など

身近になった電磁波の応用の一つは、自動改札機をさっと通過するときなどに使われる非接触ICカードであろう。このカードの原理は図のようになっている。リーダー／ライターとカードの両方にコイルがある。リーダー／ライター側のコイルには電流が流れ、電磁波が発生し磁場が作られる。その磁場のところにカードをかざすとカード内のアンテナコイルを通過する磁場の量が変化し、カード内に電磁誘導による誘導起電力が発生し、電流が流れる。

カード内のアンテナコイルがループアンテナにあたる。これによってカード内のICチップ（トランジスター、コンデンサー、ダイオードなどを大量に組み込んだもの）とリーダー／ライターのあいだで情報のやりとりが行われる。ご承知のようにこのようなカードは携帯電話に組み込まれた

体の棒を入れて感度をよくしている。超小型のフエライトアンテナは電波時計にも使われている。

もう一つ、電波望遠鏡、電話の無線回線、衛星放送の受信などに使われるパラボラアンテナにもふれておこう。パラボラとは放物線のことである。パラボラアンテナでは平行な電磁波が放物面に入射すると、すべて焦点に集まるので、弱い電磁波を強めることができる。焦点の部分には小さなアンテナが置かれ、そこで電流が得られる。つまり、この焦点にあるものが本来のアンテナであり、パラボラの部分は反射鏡の働きをしているわけである。

レーダーのしくみ

パラボラアンテナというと大きなレーダーのアンテナを思い浮かべる方もおられよう。レーダー

り、買い物もできるようになっており、クレジットカード、オフィスなどへ出入りできる人の情報管理などにも利用が広がった。

このように電磁波や電磁誘導はあらゆるところで応用されている。

非接触ＩＣカードの原理

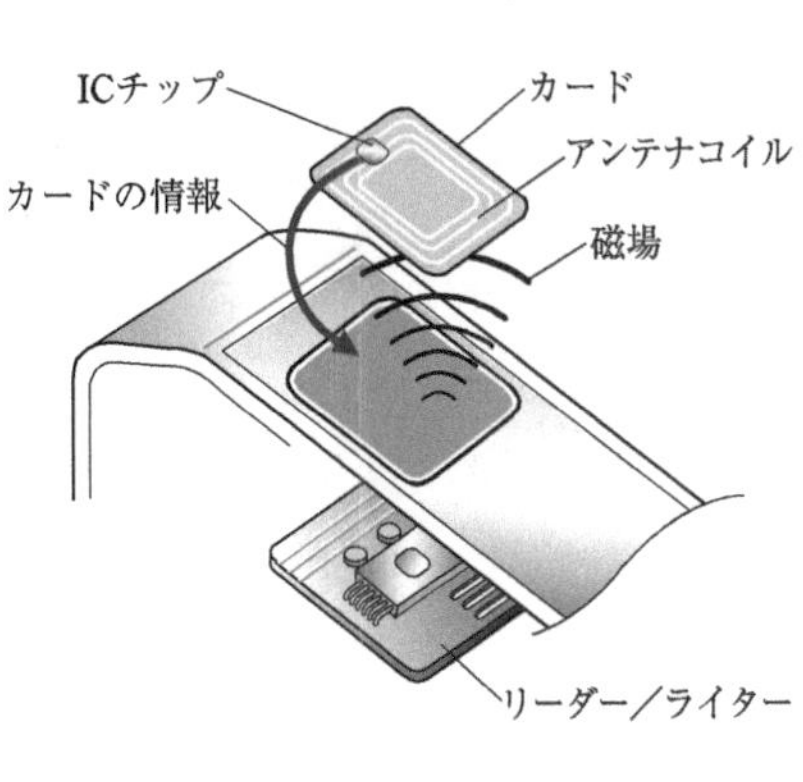
カードにはループアンテナ形のコイルが組み込まれている

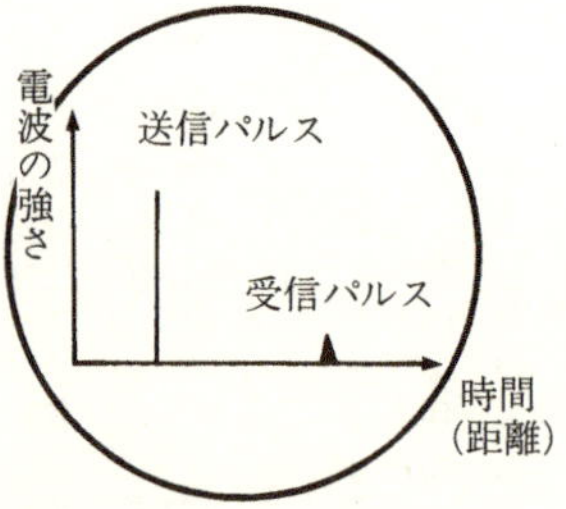

(a)　　　(b)

図6.18　レーダーの表示法

カーナビゲーションシステム

自動車で使われるカーナビゲーションシステム（通称カーナビ）は電波航法システムの一つである。GPS（全地球測位システム）という人工衛星からの車の位置の情報と、CD‐ROMやDVD、ハードディスクなどに入力された地図情報を組み合わせたものである。

GPS衛星は原子時計からの精密な時間を送信する。利用者はこれを受信することにより衛星からの正確な距離がわかる。三個の衛星からの情報で、受信した位置の緯度、経度、高度、移動速度がわかる。GPS測位システムには同時に四個の衛星からの電波を必要とする。これは四個目の衛星で位置の精度を上げるためである。

このシステムでは、六個のGPS用衛星軌道上に合計二四個の衛星が高度二万一八〇キロメートルで周回しており、地球上のどの位置にいても四は通信とならぶ、代表的な電磁波の応用である。現在レーダーは、船・航空機の運航や誘導、台風などの気象観測、人工衛星による地表の観測など、広く利用されている。

レーダーは目標の物体に向けて電波を発射し、反射波がもどってくるまでの時間を測定し、そこから物体までの距離を求める。電波が往復するのにかかる時間をt、電波の速さをcとすると、物体までの距離dは、

$$d=\frac{ct}{2}$$

で与えられる。パルス波を利用すると距離は図6・18(a)のように表示される。物体までの距離とともに、物体の方位を調べるために、パラボラアンテナは回転できるようになっており、こうすると物体までの距離とその方位が画面上に表示できる（図6・18(b)）。気象レーダーでは、大気中の雨や雲の水滴からの反射を調べ、雨や雲の分布を知る。現在では赤外線、可視光線、雨雲レーダーなどがあり、気象の情況をテレビやインターネットで見ることができる。

航行中の船や飛行中の航空機が自分の位置を知るために、さまざまな電波航法システムが利用

個の衛星を見通すことができるようになっている。

なお、こうしたシステムはもともとアメリカの軍事用衛星システムであり、その一部が民間に開放されたものである。

されている。電波航法では人工衛星が利用され、船や航空機は、そこからの電波を受信して、自分の位置を知る。人工衛星は電波の灯台である。

人工衛星から地表を調べるリモートセンシング（遠隔探査）でも、可視光線以外の電磁波を用いると、さまざまな情報が得られる。たとえば、地表からの赤外線の分布を調べると地表の温度がわかる。この映像や画像は現在では見慣れたものになっており、そこから温暖化などの重要な情報が得られている。

三、電磁場の本性

最後の問題

電磁気学の発展によって、人類は予想もしなかった電磁波という自然の贈り物を手に入れた。この電磁波の性質を考える際に、新しい法則は一つも出てこなかったことをもう一度思い出そう。電磁気学には、第5章までに出てきた法則以外の基本法則は存在しない。ただそれらの組み合わせによって、まったく新しい電磁波という現象が予言され、その存在が確認され、応用されているわけである。

それでは、電磁気学についてはここまでで、すべての原理的な問題が解決されており、あとはさまざまな応用だけを考えていけばよいのだろうか。そう考えたいところではあるが、最後にもう一つだけ解決しなければならない問題が残っている。それは、すでにお気づきかも知れないが、電磁波の媒質はなにか、という問題である。アインシュタインの相対性理論は、この問題の探究から生まれた。私たちも、この本の最後のテーマとして、電磁波の媒質をめぐる問題を考えることにしよう。

ヘルツはエーテルを発見？

話は少し前へもどる。ヘルツによる電磁波の発見は、ファラデーやマクスウェルの電磁場の理論を実験で確認し、それをゆるぎないものとした。ヘルツの発見は、大ニュースとして多くの科学者の注目を集めた。科学者たちは、

「電磁場の存在がついに確認された」

と受けとったに違いない、と現在の私たちには考えられる。ところが意外なことに、彼らは、

「エーテルの存在が確認された」

と考えたのである。これはいったいなにを意味しているのだろうか。

私たちが素朴に考えても、なにもない真空中をなんらかの波が伝わるということは理解しにくい。物理学者にとっても事情は同じである。ほとんどの物理学者は、電磁波の発見によって、光

も含めた電磁波を伝える媒質、エーテルの存在が確認されたと考えたのである。

そこで物理学者たちが次に問題にしたのは、このエーテルはどんな性質の物質なのかということである。彼らはさまざまなエーテルのモデルを競いあって作った。しかしあらゆる努力にもかかわらず、電磁気現象のすべてをうまく説明できるエーテルのモデルを作ることは、どうしてもできなかった。

さらに、エーテルという物質があるとすると、それは宇宙空間に静止しているものなのか、それとも地球などの運動とともに移動するものなのかというむずかしい問題も生じる。

電磁誘導のパラドクス

エーテルの問題を考えるにあたって、電磁場の特徴を鮮明に示す、電磁誘導のパラドクスを考えてみよう。これは、アインシュタインが相対性理論を作り出すきっかけとなったパラドクスでもある。

図6・19(a)のように磁石のあいだに金属板をはさみ、これを右に動かしてみる。このとき磁石による磁場のなかを、金属中の自由電子が右向きに運動するので、電子にローレンツ力が働く。電子に働くローレンツ力の向きはＩＢの法則により、金属板の手前から向こう向きである（一一四ページ)。したがって金属板には手前側がプラス、向こう側がマイナスの誘導起電力が生じた

図6.19　場の相対性とは？

ことになる。ここまではなにも問題はない。

次に立場を変えて、この現象を金属板といっしょに右向きに移動しながらながめてみよう。こうすると、金属板は静止していることになり、なかの自由電子も移動していないので、磁石による磁場があってもローレンツ力は働かない。したがって、前のような誘導起電力は生じないのではないか。これがパラドクスである。このパラドクスの答えは、読者の皆さんはもう予想できるのではないだろうか。

後者の立場でもう一度考えてみよう。金属板とともに移動しながら見るということは、図6・19(b)のように金属板を静止させておいて、磁石を左に動かすのと同じことである。この場合、金属板のなかの電子が静止している以上、磁場から力が働くことはない。そうすると、電子に力を及ぼすものは電場しかない。

金属板とともに移動しながら観測すると、金属板は静止しているが、こんどは磁石とともに磁場が移動している。そうすると、磁場の移動によって、金属板の向こう側から手前側へ向かう電場が生じ、その電場から電子が力を受けることになる。

これはしかし、ある意味では驚くべき結論である。磁石とともに静止して観測する場合には電場はない。ところが、金属板とともに移動しながら観測すると電場が現われるのである。

私たちは、このように見る立場によって現われたり消えたりする物質を想像することはできない。電場も磁場も、この例のように観測者の立場によって、大きさが変化したり、現われたり消えたりするものである。このような性質を場の相対性というが、これは、電磁場を伝える物質エーテルの存在をきっぱりと否定するものである。

場は独自の存在

こうして、電磁場に最初から最後までまとわりついていたエーテルの問題は、その存在が否定されるかたちで決着がついた。

現在では電磁場は、物質とは関係なく、それ自身が独自で空間に存在しうるものと考えられている。いいかえると、場とは空間自身が持っている性質である。

マクスウェルの電磁気学の世界とは、いわば粒子と場の二元論的な世界である。そこに存在するのは、電子や陽子のような電気を帯びた粒子と、その粒子と相互作用をする電磁場の二つである。電磁気の世界は、この二種類の存在から構成されている。そして、この場と粒子の世界をつかさどるのが、第4章の終わり（一五一ページ）にまとめた少数の基本法則である。

もしかすると私たちは、粒子が空虚な空間を飛びまわっているという自然界のイメージに、少し慣れすぎているのかも知れない。私たちの身のまわりの空間は実際には空虚ではなく、そこにはいつでも電磁波が飛びかっている。太陽や電灯からの光。宇宙からの電磁波。通信に使われる電波。それだけではない。あらゆる物質からいつも電磁波が放射されている。物質中の分子・原子・電子は、絶対零度（マイナス二七三・一五℃）にならない限り、いつでも振動・運動を続けている。この運動によって、すべての物質はマイクロ波という電磁波を放射している。水も、氷も、そして人間の身体も。

＊　　＊　　＊

エーテルの問題を考えることによって、私たちは相対性理論の入り口までやってきた。電場と磁場の性質をもう一歩深く探究することによって、アインシュタインは相対性理論を創り出した。これは私たちの興味を大いにそそるテーマである。

しかし紙面ももうつきてしまった。ふり返ってみると、回路の水流モデルから出発して、私たちはずいぶん遠くまで進んできた。ここでひとまず私たちの探究の旅を終え、新しい旅への装いを整えるのもそう悪くはないであろう。

あとがき

この本の初版は一九八八年である。約二〇年間、長く読み継がれてきたことに素直に感謝したい。電磁気学というのは、文系・理系を問わずとても大切な分野ではあるが、まえがきにも書いたように難しく感じられる分野であるからなおさらである。読者の皆さまから講談社を通じて送られて来た手紙の中で、いちばん印象に残っているのは次のような文章である。

『電磁気学のＡＢＣ』大変、楽しく読ませて頂きました。今まで、電気というと、見ないように逃げまわってばかりいたのですが、この本に出会えたおかげで、世界の風景が、まるで以前とは、すっかり変わってしまったかのようです。

この本によって世界の風景が変わるとは。この読者の質問も、本当に的を射たもので、「こんなにていねいに読んで下さる方もおられるのか」と心を打たれた次第である。

電磁気学が関係する分野はきわめて広い。科学史書、理論書、教育書、そして工学的応用の本までさまざまな本がある。これらの多くの本を参考にしたがそれを単純に並べても意味がない。

電磁気学の筋道、つまり構成をできるだけ把握できるようにていねいに書くように配慮したつもりである。本書を書くにあたってさらに、次の二点を意識した。

一、メインテーマとして遠隔力と近接力の対立をとりあげ、電磁場の必然性を明らかにすること。これは一つの冒険だったかもしれない。このような入門書を私自身は今でも見たことがない。

「場というのは現代の人たちにとっては、あたりまえの存在だから、いまさらそんなことを問題にすることはない」という意見も当然あるだろう。しかし、やはりそこにこだわらなければ、本当のところ電磁気学はわからないのではないか。私はそう考える。

二、ふつう電磁気学は静電気からはじまる。しかしまえがきでもふれたように本書は直流回路から入った。それは、電場、電位などの定義から入る方法は、多くの人たちにとってきわめて理解しにくいからである（さすがに文部科学省もようやく直流回路を初めに置く指導要領を作成した）。直流回路に水流モデルを使ったのも、同様の考えにもとづく。

これら以外にも、本書では厳密な概念の定義から入り、基本法則を述べ、その応用例をあげるという通常の教科書流の順序をとらなかったところがある。厳密で体系的な展開は、私たち専門家には心地よくても、広い範囲の読者にはたいへんとりつきにくいものである。したがって、あえてデフォルメする道を選んだ。

「本書のような方法が物理学の専門家に好まれないことはよく承知している」と初版に書いた。しかし、思いがけず、専門の方からもたいへん好意的な書評やお手紙を頂いた。

また、厳密で体系的な展開の方法を取らなかったからといって、本書はアラカルト的で、認識の順序を無視した入門書を目指したわけではない。数式は使わないが、あくまで電磁気学の原理的な理解を目標とした。

「このような試みがはたして成功しているかどうか、それは読者のみなさんの判断におまかせするしかない」とも初版に書いた。これはまた、新たな読者の皆さんのご判断におまかせしたい。


ところで、本書の執筆中に『一六世紀文化革命』（山本義隆著）が出版された。本書では、電磁気学と軍事との結びつきなどについて特別にはふれなかった。無論、レーダー、カーナビゲーションシステムなどいくらでもあるのだが。ただ、山本氏の著書にある「近代科学の攻撃的性質」について、あとがきということで、ここで少しだけふれることをお許し願いたい。

西欧中世の人々、特に一七世紀の科学革命を準備した、一六世紀までの中世の職人・外科医たちなどのあいだには、自然に対する強い畏怖《いふ》の思いがあった。少しだけ引用しよう。

「技術は自然にたいして下僕のように仕える」（アグリッパ）

「自然の召使にして助手であるところの医師と外科医は、自然の成りゆきに従う以外にはない」
（外科医、アンブロアズ・パレ）

ところが、一七世紀の近代科学の創始者たちになるとこれが一変する。彼らの言葉を少しだけあげよう。

「自然の秘密もまた、……、技術によって苦しめられるときよりいっそうよくその正体を現す」
（フランシス・ベーコン）

「……諸物体そのものを試験し、それらを拷問にかけて……」（ロバート・ボイル）

「実践的な哲学」によって「私たちは自然の主人公で所有者のようになることができるでしょう」（デカルト）

人間が科学技術によって自然の支配者に成りえるという思想が、近代科学の初めからあったことがこれらの言葉から読み取れる。だが、本書では携帯電話のところで一例だけふれただけだが、科学は理想化した純粋な現象以外についてはたいへん弱く、自然を支配するなどというのは人間のおごりである。近代科学初期の思想が、産業革命などをへて、現在の生態系の破壊や、限りない数の核弾頭の開発、同じく核分裂を利用する原子力発電の利用などまで進んだということは一考に値すると言えよう。

私たちは、改めて自然に対する態度を心底から考え直し、科学のあるべき姿を探っていく必要があるのではないだろうか。

本書の執筆にあたり、物理教育研究会の皆さん、永易浩一氏、久下保男氏、小田切淳一氏（高エネルギー加速器研究機構）、原島博氏（東京大学）、鯖戸暁夫氏（アライドテレシス株式会社）、そして尊敬する匿名の先輩から貴重なご意見をいただいた。
最後になりましたが、いつも私の本を読んでくださる読者の皆さまに心からお礼を申し上げます。

主な参考文献

この本を書くにあたり多くの著作を参照しました。この参考文献が主なものです。本来なら参照箇所を明確にすべきですが、この本は入門書ですので、省略させていただきました。ここでお礼申し上げます。

全般

『ファインマン物理学Ⅱ、Ⅲ、Ⅳ』 R・P・ファインマン、R・B・レイトン、M・L・サンズ著　宮島龍興他訳　岩波書店

『電磁気学』 砂川重信著　岩波書店

『電磁気学』 中山正敏著　裳華房

『エーテルと電気の歴史　上・下』 E・T・ホイテッカー著　霜田光一・近藤都登訳　講談社

『物理学史Ⅰ、Ⅱ』 廣重徹著　培風館

『A Source Book in Physics』(Magnetism and Electricity) W. F. Magie, Harvard University Press

『相対論の形成』 廣重徹著　西尾成子編　みすず書房

『科学オンチ版　電気の常識なるほどゼミナール』 関昭雄著　日本実業出版社

主な参考文献

『物理のコンセプト③　電気と光』　P・ヒューイット著　小出昭一郎監修　共立出版
『プロジェクト物理4　光と電磁気』　G・ホルトン他編著　渡辺正雄他監修　コロナ社
『改訂新版　電気の手帖』　橋本尚著　講談社ブルーバックス
『ファラデーの生涯』　H・スーチン著　小出昭一郎・田村保子訳　東京図書
『マクスウェルの生涯』　V・カルツェフ著　早川光雄・金田一真澄訳　東京図書
『一六世紀文化革命』　山本義隆著　みすず書房
『A Treatise on Electricity and Magnetism』J. C. Maxwell, Dover Publications Inc.
『電気の技術史』　山崎俊雄・木本忠昭著　オーム社
『物理教授法の研究』　高村泰雄編著　北海道大学図書刊行会
『新しい物理の本　下巻』　渡辺愈著
『電気に強くなる』　橋本尚著　講談社ブルーバックス
『家庭の電気学入門早わかり』　オーム社編　オーム社
『新装版　物理のABC』　拙著　講談社ブルーバックス
『電気のしくみ』　新星出版社編集部編　新星出版社

プロローグ
「手軽にできる生徒実験のパック化について」　古屋東一郎著　物理教育　第三二巻四号

第1章

「Critical Review on the Research aimed at Elucidation the Sense that the Notion of ELECTRIC CIRCUITS have for Student aged 8 to 20 years」André Tiberghien, International summer workshop: Research on Physics Education, 1983

『仮説実験授業研究　第七集』　仮説実験授業研究会編　仮説社

第2章

『静電気のＡＢＣ』　堤井信力著　講談社ブルーバックス

『やさしいフィジックスII』　Ｒ・ディットマン、Ｇ・シュミーク著　宮崎栄三・大村能弘・大成逸夫訳　共立出版

第3章

『磁石のＡＢＣ』　中村弘著　講談社ブルーバックス

「磁性流体——その性質と応用」　下飯坂潤三・藤田豊久著　化学教育　第三二巻第一号

「磁石論」　Ｗ・ギルバート著（科学の名著『ギルバート』三田博雄訳）　朝日出版社

『新しい地球観』　上田誠也著　岩波新書

第4章

『電気実験　上・下』　Ｍ・ファラデー著　田中豊助監修　内田老鶴圃新社

『電磁誘導』（物理学 One Point——26）　中山正敏著　共立出版

「いまさら量子力学？」　原康夫著　パリティ　一九八七年一二月号
第5章
「電気はモノでない」（青木国夫他著『思い違いの科学史』）　朝日新聞社
第6章
『アンテナの科学』　後藤尚久著　講談社ブルーバックス
『電波ってなあに』　若井登編著　（財）電気通信振興会
『物理学入門――科学教育の現代化』　板倉聖宣・江沢洋著　国土社
『応用電波工学』　池上文夫著　コロナ社
「電磁波と生体への影響」　村瀬雅俊著　「科学・社会・人間」　88号

ナ・ハ行

マ　行

ヤ　行

ラ・ワ行

タ　行

索　引

ア 行

カ 行

サ 行

N.D.C.427　230p　18cm

ブルーバックス　B-1569

新装版《しんそうばん》 電磁気学《でんじきがく》のABC
やさしい回路から「場」の考え方まで

2007年 9 月20日　第 1 刷発行
2024年 3 月18日　第11刷発行

著者　福島《ふくしま》 肇《はじめ》
発行者　森田浩章
発行所　株式会社講談社
〒112-8001 東京都文京区音羽2-12-21
電話　出版　03-5395-3524
販売　03-5395-4415
業務　03-5395-3615
印刷所　（本文表紙印刷）株式会社ＫＰＳプロダクツ
（カバー印刷）信毎書籍印刷株式会社
本文データ制作　講談社デジタル製作
製本所　株式会社ＫＰＳプロダクツ

定価はカバーに表示してあります。

ISBN978−4−06−257569−0

発刊のことば

科学をあなたのポケットに

二十世紀最大の特色は、それが科学時代であるということです。科学は日に日に進歩を続け、止まるところを知りません。ひと昔前の夢物語もどんどん現実化しており、今やわれわれの生活のすべてが、科学によってゆり動かされているといっても過言ではないでしょう。

そのような背景を考えれば、学者や学生はもちろん、産業人も、セールスマンも、ジャーナリストも、家庭の主婦も、みんなが科学を知らなければ、時代の流れに逆らうことになるでしょう。

ブルーバックス発刊の意義と必然性はそこにあります。このシリーズは、読む人に科学的に物を考える習慣と、科学的に物を見る目を養っていただくことを最大の目標にしています。そのためには、単に原理や法則の解説に終始するのではなくて、政治や経済など、社会科学や人文科学にも関連させて、広い視野から問題を追究していきます。科学はむずかしいという先入観を改める表現と構成、それも類書にないブルーバックスの特色であると信じます。

一九六三年九月　　野間省一

ブルーバックス　物理学関係書（II）

ブルーバックス　物理学関係書（III）

2061	科学者はなぜ神を信じるのか	三田一郎
2078	独楽の科学	山崎詩郎
2087	「超」入門　相対性理論	福江　淳
2090	はじめての量子化学	平山令明
2091	いやでも物理が面白くなる　新版	志村史夫
2096	2つの粒子で世界がわかる	森　弘之
2100	プリンシピア　自然哲学の数学的原理　第I編　物体の運動	アイザック・ニュートン　中野猿人＝訳・注
2101	プリンシピア　自然哲学の数学的原理　第II編　抵抗を及ぼす媒質内での物体の運動	アイザック・ニュートン　中野猿人＝訳・注
2102	プリンシピア　自然哲学の数学的原理　第III編　世界体系	アイザック・ニュートン　中野猿人＝訳・注
2115	「ファインマン物理学」を読む　普及版　量子力学と相対性理論を中心として	竹内　薫
2124	時間はどこから来て、なぜ流れるのか？	吉田伸夫
2129	「ファインマン物理学」を読む　普及版　電磁気学を中心として	竹内　薫
2130	「ファインマン物理学」を読む　普及版　力学と熱力学を中心として	竹内　薫
2139	量子とはなんだろう	松浦　壮
2143	時間は逆戻りするのか	高水裕一
2162	トポロジカル物質とは何か	長谷川修司
2169	アインシュタイン方程式を読んだら「宇宙」が見えた	深川峻太郎
2183	早すぎた男　南部陽一郎物語	中嶋　彰
2193	思考実験　科学が生まれるとき	榛葉　豊
2194	宇宙を支配する「定数」	臼田　孝
2196	ゼロから学ぶ量子力学	竹内　薫

ブルーバックス　宇宙・天文関係書

- 1394 ニュートリノ天体物理学入門　小柴昌俊
- 1487 ホーキング　虚時間の宇宙　竹内　薫
- 1592 発展コラム式　中学理科の教科書　第2分野（生物・地球・宇宙）　石渡正志／滝川洋二＝編
- 1697 インフレーション宇宙論　佐藤勝彦
- 1728 ゼロからわかるブラックホール　大須賀　健
- 1731 宇宙は本当にひとつなのか　村山　斉
- 1762 完全図解　宇宙手帳　渡辺勝巳／JAXA（宇宙航空研究開発機構）＝協力
- 1799 宇宙になぜ我々が存在するのか　村山　斉
- 1806 新・天文学事典　谷口義明＝監修
- 1861 発展コラム式　中学理科の教科書　改訂版　生物・地球・宇宙編　石渡正志／滝川洋二＝編
- 1887 小惑星探査機「はやぶさ2」の大挑戦　山根一眞
- 1905 あっと驚く科学の数字　数から科学を読む研究会
- 1937 輪廻する宇宙　横山順一
- 1961 曲線の秘密　松下泰雄
- 1971 へんな星たち　鳴沢真也
- 1981 宇宙は「もつれ」でできている　ルイーザ・ギルダー　山田克哉＝監訳　窪田恭子＝訳
- 2006 宇宙に「終わり」はあるのか　吉田伸夫
- 2011 巨大ブラックホールの謎　本間希樹
- 2027 重力波で見える宇宙のはじまり　ピエール・ビネトリュイ　安東正樹＝監訳　岡田好恵＝訳
- 2066 宇宙の「果て」になにがあるのか　戸谷友則
- 2084 不自然な宇宙　須藤　靖
- 2124 時間はどこから来て、なぜ流れるのか？　吉田伸夫
- 2128 地球は特別な惑星か？　成田憲保
- 2140 宇宙の始まりに何が起きたのか　杉山　直
- 2150 連星からみた宇宙　鳴沢真也
- 2155 見えない宇宙の正体　鈴木洋一郎
- 2167 三体問題　浅田秀樹
- 2175 爆発する宇宙　戸谷友則
- 2176 宇宙人と出会う前に読む本　高水裕一
- 2187 マルチメッセンジャー天文学が捉えた新しい宇宙の姿　田中雅臣

ブルーバックス　技術・工学関係書 (II)

ブルーバックス　地球科学関係書（II）

2134 大陸と海洋の起源　アルフレッド・ウェゲナー　竹内　均＝訳　鎌田浩毅＝解説
2148 温暖化で日本の海に何が起こるのか　山本智之
2180 インド洋　日本の気候を支配する謎の大海　蒲生俊敬
2181 図解・天気予報入門　古川武彦／大木勇人
2192 地球の中身　廣瀬　敬